工业和信息化普通高等教育“十二五”规划教材立项项目
21世纪高等院校通识教育规划教材

大学物理实验

兰州交通大学博文学院物理教研室编写组 组编
潘璐 主编
张继光 杨晓红 李翠环 副主编

人 民 邮 电 出 版 社
北 京

图书在版编目（CIP）数据

大学物理实验 / 潘璐主编 ; 兰州交通大学博文学院物理教研室编写组组编. -- 北京 : 人民邮电出版社, 2013.2(2021.8重印)
21世纪高等院校通识教育规划教材
ISBN 978-7-115-30984-6

Ⅰ. ①大… Ⅱ. ①潘… ②兰… Ⅲ. ①物理学－实验－高等学校－教材 Ⅳ. ①04-33

中国版本图书馆CIP数据核字(2013)第018690号

内 容 提 要

本书根据教育部大学物理实验课程教学基本要求，并结合编者多年教学经验编写而成。

本书分为误差和数据处理基本知识，力学、热学实验，电磁学实验和光学实验 4 章，共包含 24 个实验。实验取材合适，内容广泛，并适当配以思考题，有助于学生理解实验中所蕴涵的理论以及掌握实验的基本技能。

本书可作为普通高等院校理工类本、专科学生的物理实验教材。

◆ 组　　编　兰州交通大学博文学院物理教研室编写组
主　　编　潘　璐
副 主 编　张继光　杨晓红　李翠环
责任编辑　王亚娜

◆ 人民邮电出版社出版发行　　北京市丰台区成寿寺路 11 号
邮编　100164　　电子邮件　315@ptpress.com.cn
网址　http://www.ptpress.com.cn
固安县铭成印刷有限公司印刷

◆ 开本：787×1092　1/16
印张：7.75　　2013 年 2 月第 1 版
字数：184 千字　　2021 年 8 月河北第 11 次印刷

ISBN 978-7-115-30984-6

定价：22.00 元

读者服务热线：(010)81055256　印装质量热线：(010)81055316
反盗版热线：(010)81055315

前 言

本书根据教育部大学物理实验课程教学基本要求，以“加强基础、重视应用、开拓思维、培养能力、提高素质”的思想为指导，结合普通高等院校理工类专业物理实验的现状及编者的教学经验，并参考其他同类教材编写而成。

本书由理论部分和实验部分两部分组成。其中，第 1 部分（即第 1 章）为理论部分，重点叙述误差的成因以及处理方法；第 2 部分为实验部分，包含了力学、热学实验，电磁学实验和光学实验 3 章内容。实验部分取材合适，难度适中，既顾及了传统实验，又考虑了大学物理实验仪器设备正在逐步或已经更新换代的事实。每个实验配以思考题，有利于学生对实验所包含的实验原理或物理概念有更深刻的理解。本书可作为普通高等院校理工类本、专科各专业学生的物理实验教材。

本书由兰州交通大学博文学院物理教研室编写组组织编写，潘璐任主编，张继光、杨晓红、李翠环任副主编。

由于作者水平有限，书中难免存在疏漏之处，敬请读者批评指正。

编 者

2012 年 11 月

目　录

第1章 误差和数据处理基本知识

我们进行物理实验时，对物理量的测量是至关重要的。然而由于实验方法、测量条件等因素的限制，测量结果不可能和真值一致。所以需要对测量结果的可靠性作出一个评价，对其误差的范围作出一个估计，并能正确地表达实验结果。

本章主要介绍误差的基本概念，实验数据处理，以及实验结果表达等方面的一些基本知识。这些知识不仅在每个实验中都要用到，也是今后从事科学实验工作所必须了解和掌握的。

1.1 误差及其测量

1.1.1 测量

进行物理实验时，不仅要定性地观察各种现象和物理量的变化过程，而且还要具体测定相关数值，找出它们之间的关系，因此就需要进行定量的测量。为了使测量结果更加具有普遍意义，在物理实验中，物理单位大多采用“国际单位制”，即通常所说的“米·千克·秒”制。国际单位制可以用符号“SI”表示。

测量就是**借助仪器用某一计量单位通过某种手段将待测量的大小表示出来并加以比较的过程**。

根据获得实验测量数据方法的不同，测量可分为两种：**直接测量**和**间接测量**。其中，**观察者可以直接由仪器或量具读出测量值的测量称为直接测量**。比如，用直尺测量长度、用天平测量质量、用温度计测量物体的温度、用电流表测量通过电路的电流等，待测物理量的结果可以直接从测量工具的刻度盘上读出。另一种测量则需要**依据待测量和某几个直接测量值的函数关系通过数学运算获得测量结果，这种测量称为间接测量**。例如，测量一个圆柱体的体积V，可以用直接测量的方法测出其高度h以及直径d，然后利用V与h和d的函数关系计算出相应的体积V。

大多数物理量是无法直接测量的，只能间接测量。直接测量是一切测量的基础。对于一个物理量，能否直接测量不是绝对的，测量方法也并不是一成不变的。随着科技的发展，仪器的改进，许多原来只能间接测量的量，现在可以直接测量了。例如，用伏安法测电阻，以前的方法是：已知电阻两端的电压和流过电阻的电流，可以依据欧姆定律使用间接测量的方法求出待测电阻的大小，但是现在可以用电阻表直接将其电阻值测出。

1.1.2 误差的定义和分类

1．误差的定义

物理量的测量是研究客观世界中物质运动规律和物质相互作用规律的手段之一，所以，一个物理量的测量是否准确将影响我们对整个客观世界的认识程度和水平。任何的物理量都具有其自身特有的物理性质，用来反映这些特性的物理量所具有的客观的、真实的数值叫做**真值**。实验的目的是通过实验来确定物理量的真值。但是，在实际操作中，由于测量仪器、测量方法、测量条件、测量人员等因素的限制，测量值往往与真值之间存在差异，若一个物理量的真实值为 N_0，测量值为 N_i，则将**真实值和测量值之差的绝对值叫做测量误差，又称为绝对误差，简称误差**，即

$$\Delta N_i = |N_i - N_0|$$

误差存在于一切测量之中。也就是说，只要有测量，就会有误差存在。所以，分析测量过程中所产生的误差，将误差的影响降低到最低程度，并对测量结果中未能消除的误差作出估计，尽可能地反映真值，是实验测量中不可缺少的一项重要工作。

把绝对误差与真值之比的百分数叫做相对误差。用符号 E 表示，即

$$E = \frac{\Delta N_i}{N_0} \times 100\%$$

由于真值无法知道，所以计算相对误差时经常用 N 来代替 N_0。在这种情况下，N 可能是公认值，或高一级精密仪器的测量值，或多次测量值的平均值。相对误差用来表示测量的相对精确度，一般用百分数表示，结果保留两位有效数字。

2．误差的分类

在实际测量中，根据对误差来源的综合分析，误差可以分为：系统误差、偶然误差和粗大误差 3 类。

（1）系统误差

系统误差是指在相同条件（指方法、仪器、环境、人员等完全相同）下多次测量同一物理量时，结果总是向一个方向偏离，其数值一定或按一定规律变化。系统误差的特征是具有一定的规律性。

系统误差产生的原因主要有以下几方面：

① 仪器误差：由于仪器本身的缺陷或没有按规定条件使用仪器，而给结果造成的误差。比如，电流表、电压表刻度不准、零点失位，物理天平的臂长不等。

② 理论误差：由于测量所依据的理论公式本身的近似性，或实验条件不能达到理论公式所规定的要求等所引起的误差。比如，在测量重力加速度实验中，单摆的周期公式

$$T = 2\pi\sqrt{\frac{l}{g}}$$

要求单摆的摆角趋近于零，而这在现实实验中基本是无法达到的。在实验所能达到的摆角很

小的情况下，上式只是一个近似公式，因此测量出来的结果也只是一个近似值。此外，系统误差还有实验方法不严密带来的误差，例如用伏字法测电阻。

③ 个人误差：由于观测者本人缺乏基本的训练，缺乏经验，以及生理或心理特点而造成的误差。比如，用秒表测时间间隔时，总是有人提前或者延迟按表；另外，在测量实验中，也总是有人习惯将读数读得偏大或者偏小。

④ 环境误差：由于外界环境的性质（如光照、温度、湿度、电磁场等因素发生变化）的影响而产生的误差。比如，环境温度的升高或降低，使测量值按一定规律变化。

实验中产生系统误差的原因通常是可以被发现的，原则上可以通过改善或校准仪表、改进测量方法、修正测量结果、改善实验环境、对实验者进行培训等方式来减小系统误差，直至其对实验结果的影响减到最小。这方面的知识和技能在实验中应该加以学习并要很好地掌握。

（2）偶然误差

实验者在相同测量条件下，多次测量同一物理量时，各测量值之间往往不同。例如，误差的绝对值可能时大时小，测量值较平均值可能时正时负，这种以不可预知方式变化着的误差称为偶然误差，也叫做随机误差。

引起偶然误差的原因也很多，与仪器精密度和观察者感官灵敏度有关。如实验现场温度无规则的变化，气压的起伏，电磁场的干扰，电源电压的波动等；也有的是观测者在进行数值最后一位的估读时，由于其感官分辨能力有限而引起的。

引起偶然误差的因素不可控制又无法预测。但是当进行多次测量时，偶然误差会显示出明显的规律性。因此，可以用概率统计的方法来处理偶然误差。实践和理论都证明，偶然误差服从一定的统计规律，呈现正态分布，如图 1-1 所示。偶然误差特点如下：

① 单峰性：绝对值小的误差出现的概率比绝对值大的误差出现的概率大。

② 对称性：绝对值相等的正负误差出现的概率相同。

③ 有界性：绝对值很大的误差出现的概率趋于零。

④ 抵偿性：误差的算术平均值随着测量次数的增加而趋于零。

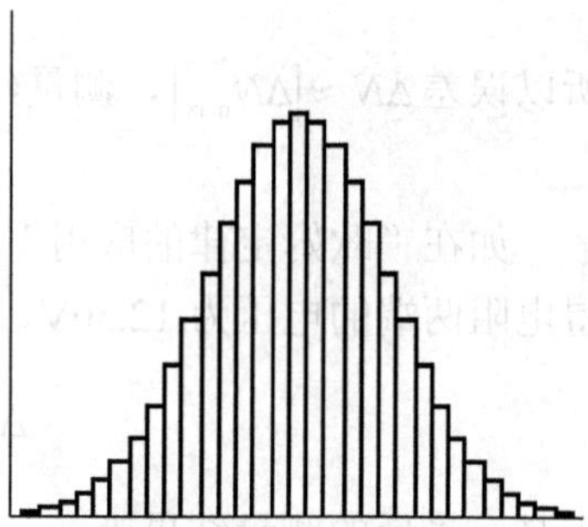

图 1-1 正态分布图

由于偶然误差是因为某些完全不能控制的偶然因素造成的，所以不能通过改善仪器、改进测量方法等来消除它。但是，由于其遵守上述规律，所以可采取适当增加测量次数、取平均值的办法来使测量值更接近真值。

（3）粗大误差

粗大误差是由于测量者的过失，如实验方法不合理，用错仪器，操作不当，读错数值或记错数据等引起的误差，是一种人为的过失误差，不属于测量误差。只要测量者采用严肃认真的态度，过失误差是可以避免的。在数据处理中应该把含有粗大误差的异常数据加以剔除。

1.2 误差的估算

测量的精密度、准确度和精确度都是评价测量结果的术语，但目前使用时其定义并不尽相同，下面介绍一下较为普遍采用的说法。

精密度表示在同样的测量条件下，对同一物理量进行多次测量，所得结果彼此间相互接近的程度，即测量结果的重复性、测量数据的弥散程度。测量精密度是测量偶然误差的反映。测量精密度高，偶然误差小，但系统误差的大小不明确。

准确度表示测量结果与真值接近的程度。它是系统误差的反映。测量准确度高，即测量数据的算术平均值偏离真值较小，测量的系统误差小，但数据较分散，偶然误差的大小不确定。

精确度表示对测量的偶然误差及系统误差的综合评定。精确度高，测量数据较集中在真值附近，测量的偶然误差及系统误差都比较小。

由于在实验中过失和错误应该可以完全避免，系统误差原则上可以设法减小，可以忽略不计，因此这里只讨论偶然误差的估算。

（1）单次直接测量偶然误差的估算

在物理实验中，由于实验条件不允许，或者对测量准确度要求不是很高等原因，对一个物理量 N_0 只进行了一次测量，设测量值为 N，则可以根据实际情况，对测量值的误差进行合理具体的估算。

一般情况下，对偶然误差很小的测量结果，可参照仪表仪器上注明的仪器精度等级 K，来估算测量值 N 的误差。由于精度等级 K 的定义为

$$K = \frac{\left|\Delta N_{\max}\right|}{N_{量程}} \times 100$$

所以误差 $\Delta N \approx \left|\Delta N_{\max}\right|$，测量结果可表示为

$$N = N \pm \Delta N$$

如在“欧姆定律的应用”实验中，直流电压表的量程为 15V，精度级别为 K=0.5，测量得电阻两端的电压为 12.50V，则测量的误差为

$$\Delta U = \frac{1}{100} \times K \times U_{量程} = 0.075 \approx 0.08\text{V}$$

于是，最后的测量结果为

$$U = U \pm \Delta U = 12.50 \pm 0.08\text{V}$$

在这里，需要注意的是：**在测量结果的最后表达式中，绝对误差只能保留一位有效数字，而测量值的最低一位应与绝对误差保留位取齐。**

对于没有特别标明精度等级的测量仪器，可以取测量仪器最小刻度的一半来作为单次测量的误差。

（2）多次直接测量误差的估算

一般情况下，可以采用增加测量组数的方法来减小实验测量结果的误差。进行多次重复测量时，测量结果服从正态分布的统计规律。

若在相同条件下对某一物理量 N_0 进行了多次测量，设测量次数为 n，其测量值分别为 N_1，N_2，N_3，… N_n，若用 $\bar{N}$ 表示多次测量的算术平均值，则

$$\overline{N}=\frac{1}{n}\sum_{i=1}^{n}N_i$$

根据最小二乘法原理，多次测量的算术平均值是待测量真值 N_0 的最佳估值。所以，称 $\bar{N}$ 为近似真值，可用 $\bar{N}$ 来表示多次测量的近似真值。这样，每一次测量的绝对误差为

$$\Delta N_i=\left|N_i-\bar{N}\right|$$

平均绝对误差为

$$\overline{\Delta N}=\frac{1}{n}\sum_{i=1}^{n}\left|N_i-\bar{N}\right|$$

从严格意义上讲，误差是测量值和真值之间的差值，而测量值与平均值之差称为偏差，两者是存在差别的。由于 $\bar{N}$ 最接近于真值，因此可以用偏差来代替测量值与真值之间的误差，从而可不必仔细区分偏差与误差的细微差别。于是，多次测量的结果可以表示为

$$N=\bar{N}\pm\overline{\Delta N}$$

此组测量结果的相对误差为

$$E=\frac{\overline{\Delta N}}{\bar{N}}\times 100\%$$

例如，在实验“长度测量”中，用游标卡尺测量一圆柱体的直径，测量次数为 5 次，将测量结果填入表 1-1 中。

表 1-1　圆柱体直径的测量

次数	D（cm）	ΔD
1	4.004	0.004 8
2	3.996	0.003 2
3	3.996	0.003 2
4	4.002	0.002 8
5	3.998	0.001 2
平均值	3.999 2	0.003 04

这组测量值的平均值为

$$\bar{D}=\frac{3.998+4.002+3.996+3.996+4.004}{5}=3.999\ 2\text{cm}$$

上面数据中，考虑到多次测量可以提高实验数据的测量精度，因此，计算结果应多保留一位。根据误差理论，圆柱体的直径

$$D_0=\bar{D}$$

又因为

$$\Delta D_i=\left|D_i-\bar{D}\right|$$

所以，可得各次实验测量的绝对误差分别为

$$\Delta D_1 = |4.004 - 3.999\,2| = 0.004\,8\text{cm}$$

$$\Delta D_2 = |3.996 - 3.999\,2| = 0.003\,2\text{cm}$$

$$\Delta D_3 = |3.996 - 3.999\,2| = 0.003\,2\text{cm}$$

$$\Delta D_4 = |4.002 - 3.999\,2| = 0.002\,8\text{cm}$$

$$\Delta D_5 = |3.998 - 3.999\,2| = 0.001\,2\text{cm}$$

将上面数据代入式 $\overline{\Delta N} = \frac{1}{n}\sum_{i=1}^{n}|N_i - \overline{N}|$ 中，得平均绝对误差为

$$\overline{\Delta D} = \frac{1}{5}\sum_{i=1}^{5}\Delta D_i = 0.003\,04\text{cm}$$

因此，待测圆柱的直径可表示为

$$D = \overline{D} \pm \overline{\Delta D} = 3.999 \pm 0.003\text{cm}$$

注意：在这里，测量结果的最后表达式中，平均绝对误差只能保留一位有效数字，测量的平均值的最后一位应与误差的保留位对齐。

另外，也可得圆柱直径测量的相对误差为

$$E = \frac{\overline{\Delta D}}{\overline{D}} \times 100\% = \frac{0.003}{4.0} \times 100\% = 0.075\% \approx 0.08\%$$

（3）间接测量误差的估算

直接测量的结果有误差，由直接测量值经过运算而得到的间接测量的结果也会有误差，这就是误差的传递。

设 N 为一间接测量值，N 和直接测量值 $A, B, C\cdots$ 存在某一函数关系，即

$$N = f(A, B, C\cdots)$$

由上面内容可知

$$A = \overline{A} \pm \Delta A,\quad B = \overline{B} \pm \Delta B,\quad C = \overline{C} \pm \Delta C\cdots$$

将各直接测量的近真值直接代入 $N = f(A, B, C\cdots)$ 中，便可以得到间接测量值的近真值。测量次数越多，此近真值与 N 的算术平均值越接近。

对于间接测量量的绝对误差 ΔN，可借助高等数学的方法来求其值。

将 $N = f(A, B, C, \cdots)$ 求全微分，可得

$$\mathrm{d}N = \frac{\partial f(A,B,C\cdots)}{\partial A}\mathrm{d}A + \frac{\partial f(A,B,C\cdots)}{\partial B}\mathrm{d}B + \frac{\partial f(A,B,C\cdots)}{\partial C}\mathrm{d}C + \cdots$$

由于绝对误差相对于测量值来说是很小量，因此可以将 $\mathrm{d}N, \mathrm{d}A, \mathrm{d}B, \mathrm{d}C\cdots$ 分别用 $\Delta N, \Delta A, \Delta B, \Delta C\cdots$ 来代替。于是上式可写作

$$\Delta N = \left|\frac{\partial f(A,B,C\cdots)}{\partial A}\right|\Delta A + \left|\frac{\partial f(A,B,C\cdots)}{\partial B}\right|\Delta B + \left|\frac{\partial f(A,B,C\cdots)}{\partial C}\right|\Delta C + \cdots$$

式中考虑到具体误差的正负符号并不知道，因此只能作最不利考虑，认为各项误差将累加，于是将式中各项分别取绝对值相加。此时，相对误差为

$$E=\frac{\Delta N}{N}=\frac{1}{N}[\left|\frac{\partial f(A,B,C\cdots)}{\partial A}\right|\Delta A+\left|\frac{\partial f(A,B,C\cdots)}{\partial B}\right|\Delta B+\left|\frac{\partial f(A,B,C\cdots)}{\partial C}\right|\Delta C+\cdots]$$

由数学公式计算出来的常用误差传递公式列在表1-2中，以供参考。

表1-2 常见误差传递公式

函数关系	误差传递公式
$f=x\pm y$	$\Delta f=\Delta x+\Delta y$
$f=x\cdot y$	$\frac{\Delta f}{f}=\frac{\Delta x}{x}+\frac{\Delta y}{y}$
$f=kx$	$\Delta f=k\cdot\Delta x$
$f=\sqrt[k]{x}$	$\frac{\Delta f}{f}=\frac{1}{k}\cdot\frac{\Delta x}{x}$
$f=\frac{x^p y^q}{z^r}$	$\frac{\Delta f}{f}=p\frac{\Delta x}{x}+q\frac{\Delta y}{y}+r\frac{\Delta z}{z}$
$f=\sin x$	$\Delta f=\lvert\cos x\rvert\Delta x$
$f=\ln x$	$\Delta f=\frac{\Delta x}{x}$

间接测量值的误差传递公式是考虑了各项误差同时出现最不利的情况而得出来的，实际上，出现这种情况的几率是微乎其微的，因此对于间接测量值的误差有些夸大的成分。在后面的具体实验中，为了对误差进行粗略的估计，全部采用算术平均误差的计算公式，这样可以大大地简化实验数据处理的工作。值得一提的是，误差传递公式不仅可以用来计算间接测量值N的误差，而且还可以用来分析各直接测量值的误差对最后结果影响的大小。对于那些影响大的直接测量值，预先考虑采取措施，以减小它们的影响，从而为合理选用仪器和实验方法提供依据。

1.3 有效数字及运算

何为有效数字？有效数字有哪些用途？对有效数字该如何运算？下面将介绍这些内容。

1.3.1 有效数字

能正确有效地表示测量与实验结果的数字，称为有效数字。

实验中，对于任一物理量，其测量结果必然存在误差。因此，表示一个物理量测量结果的数字取值是有限的。有效数字由测量结果中若干位准确可靠的数字，加上一位欠准（也叫可疑）的数字构成。例如，“5.96”的有效数字是3位，“5.9”是可靠的；而尾位“6”是欠准的数字，它虽然为欠准数字，但在一定程度上它反映了客观实际，因此，它也是有效的，也是必不可少的。

测量结果的有效数字位数的多少，和测量工具密切相关。例如，测量结果“1.579 2cm”一定不是用米尺测量而来的，而有可能是用其他如螺旋测微器等测量工具测得的。至于“1.57cm”则可能由米尺测得。

一个物理量的测量值和单纯的一个数字有着不同的意义，在数学上“30.3=30.30”，但对于实验中的测量值来说，"30.3"是不等于"30.30"的，因为它们有着不同的误差，测量的准确度不同。"30.3cm"为 3 位有效数字，而"30.30cm"的有效数字为 4 位。有效数字的位数和十进制单位的换算无关，即与小数点的位置无关，因此，表示小数点位置的数字"0"不是有效数字。记录实验数据时，要切记有效数字的位数是从第一个不为零的数字算起。当然，也并不是说零不算有效数字。例如，"30.30"中的 2 个"0"，虽然其中一个处在中间，一个处在末尾，但因它们都反映了被测量的大小，故都属于有效数字。因此，测量数据最后的"0"不能随便加上或者减去。

值得注意的是，对于十进制单位变换，只涉及小数点位置改变，不允许改变有效位数。比如，"5.6m"为 2 位有效数字，在换算成 km 或 cm 作单位时应写为

$$5.6\text{m} = 5.6\times10^{-3}\text{km} = 5.6\times10^{2}\text{cm}$$

而类似于 $5.6\text{m} = 560\text{cm}$ 的写法是错误的。

1.3.2　确定测量结果有效数字的方法

对于测量结果，从测量误差所在位起，包括本位及以上的数字位均为有效数字。

一般情况下，误差的有效数字只取一位，两位和更多位的有效数字是没有意义的。本书中，为统一起见，我们取绝对误差为一位有效数字。首位为 1 时，可以取 2 位有效数字。因此，将有效数字的定义与绝对误差的取一位制结合起来，便可以写出测量结果的数值。例如，$D = 5.00\pm0.02\text{cm}$；对于类似 $D = 5.0\pm0.02\text{cm}$、$D = 5\pm0.02\text{cm}$ 的表示方法则是错误的，因为任何测量结果的最后一位要与误差所在的这一位取齐。

用测量器具进行直接测量读数时，应反映出有效数字，一般应估读到测量仪器最小分度值的 1/10。但考虑到某些仪表的分度较窄、指针较粗或测量基准较不可靠等因素，可估读 1/5 或 1/2 的分度。对于数字式仪表，所显示的数字均为有效数字，无须估读，此时误差一般出现在最后一位。

总体上，有效数字的位数越多，测量的相对误差就越小。反之，有效数字位数越少，测量的相对误差就越大。一般情况下，两位有效数字所对应的测量相对误差为 1/100～1/10，3 位有效数字对应的测量相对误差为 1/1000～1/100，其他依此类推。所以我们在进行测量数据的精度估计时，可以说"测量的相对误差有多大"，另外也可以说成"测量结果有几位有效数字"，这两种说法是等价的。

1.3.3　测量结果有效数字的运算规则

进行测量结果的运算时，要掌握以下原则。

① 测量结果的有效数字中准确数值与准确数值间的运算，其结果仍然为准确数值。

② 测量结果的有效数字中欠准数与欠准数之间的运算结果在没有进位情况时，仍为欠准数，但是其运算进位后，进位的数为准确数，剩余的数字为欠准数。

③ 在最后的运算结果中，只能保留一位欠准数。

在舍去第一位以后的欠准数时，应该严格遵循尾数舍取法则，以第二位欠准数为例：大于 5 则入，小于 5 则舍去，若等于 5 则应将要保留的第一位欠准数凑成偶数。此外，在计算结果欠准数位数过多时，应一次性取至所需的位置，而不可经多次舍取后至所需的位置。

此外，在进行测量数值之间的加减运算时，最终结果的小数点后的位数应和参与运算各

数值中小数点位数最少的相同；而在进行测量数值之间的乘除运算时，最终结果的有效数字的位数应和参与运算各数值中有效数字位数最少的相同。但是，若参与运算的有效数字之间有最高位的进位（或借位）情况时，计算结果的有效数字位数会增加（或减少）一位。

例如，用计算器计算“$1.111\bar{1}\times1.1\bar{1}$”时，不考虑有效数字，显示其结果为“1.233 321”，但是，由于一个数字与一个欠准数字相乘，其结果必然是欠准数字，所以，小数点后面第二位的“3”及其以后的数字都是欠准数字。因此，按照原则，计算结果应写成“1.23”，为 3 位有效数字。即在此例中，5 位有效数字与 3 位有效数字相乘，计算结果为 3 位有效数字。

当进行测量数值的乘方和开方运算时，有效数字在乘方和开方运算结果的有效数字位数与其底数的有效数字的位数相同，如$\sqrt{17.\bar{7}}=4.2\bar{1}$。对数函数、指数函数和三角函数运算后，结果中尾数的有效数字位数与近真值有效数字位数相同。

1.3.4 间接测量有效数字的运算

一般情况下，对于间接测量值，其计算也遵循有效数字的运算法则。但是，各参与运算值的误差项的积累传递作用，将会使最终的运算结果误差增大。因此，间接测量值近真值的有效数字位数应该决定于其对应的绝对误差位数。

1. 加减法运算

在进行各间接测量值的加减法运算时，应先计算出间接测量值的绝对误差，即：将参与运算的所有直接测量值的绝对误差绝对值相加，计算时舍去小于分量中最大绝对误差十分之一的误差，在误差运算的过程中取两位有效数字，而最终结果取一位有效数字。

2. 乘除法运算

在进行各间接测量值的乘除运算时，应先找出参与计算的各直接测量值中有效数字位数最少的那个，将其他值（包括常数）都取到有效数字比上述值多一位，然后代入函数关系中算出间接测量值的近真值，其结果也应比有效数字最少的值先多保留一位。在计算绝对误差时，可以在计算中舍去小于上述各分量中最大相对误差三分之一的误差项后，再求绝对误差。绝对误差在运算过程中取两位有效数字，在最终结果中只能取一位有效数字。

1.4 实验数据的处理方法

数据处理是指从获得数据开始，到得出最后结论的整个加工过程，其中包括数据的记录、整理、计算、分析以及图表的绘制等。数据处理是实验工作的重要内容，根据实验数据，可以将其所反映的物理现象的内在规律提炼出来。由于实验数据处理的方法很多，我们只介绍一些基本的数据处理方法。

1.4.1 列表法

1. 列表法的优点

列表法的优点是，可以简单明了地表示出有关物理量之间的关系，使大量数据表达清晰醒目、条理化，便于随时检查数据结果的合理性或发现问题，同时有助于反映出各物理量之间的对应关系。列表法还可以提高数据处理的效率，减少或者避免错误，也利于计算和分析误差，以后随时可对原始数据和计算结果进行查对。

2．列表法的要求

使用列表法时，应该遵循以下原则。

（1）各栏目均应注明所记录的物理量的名称（符号）以及单位，即分栏要清晰。

（2）栏目要简明，以便于记录和处理原始实验数据，便于确定各物理量之间的函数关系。

（3）表中的原始测量数据应正确反映有效数字，数据不应随便涂改，确实要修改数据时，应将原来数据作相应标记以备随时查验。

（4）表示函数关系的数据表格中的数据，应按自变量由小到大或由大到小的顺序排列，以便于判断和处理。

（5）必要时应加以文字说明。

仍以“长度测量”为例，在实验中用螺旋测微器测某金属片的厚度 D，测量次数为 5 次，将其记录在表格中，如表 1-3 所示。

表 1-3　　金属片厚度的测量　　螺旋测微器精度：0.01mm

测量项目 / 次数	D（$\times 10^3$m）	ΔD（$\times 10^3$m）
1	3.004	
2	2.996	
3	2.996	
4	3.002	
5	2.998	
平均值		

1.4.2　图示法

图示法也称图解法，是指将一组具有特定对应关系的测量值用图线的方式直观地描绘出来，从图线上可以看出各物理量之间的变化规律，找出对应的函数关系，求出经验公式。

1．图示法的优点

图示法最大的优点是能够直观地显示出相关物理量之间的对应关系，并可以帮助我们发现并剔除个别误差特别大的数据。对于某些特殊情况，我们可以按图示法由实验数据图线直接推测出尚未进行实验的其他部分的数据结果。

2．图示法的要求

（1）选择合适的作图纸

作图纸有线性坐标纸、对数坐标纸、半对数坐标纸和极坐标纸等几种，可以根据作图需要进行选择。原则上，坐标纸的最小格应该对应测量值中准确数字的最后一位。在允许的情况下，也可适当放大比例。

（2）确定坐标比例及其分度值

合理选择坐标比例是图示法的关键所在。作图时通常以自变量作横坐标，因变量作纵坐标。坐标轴确定后，用粗实线在坐标纸上描出坐标轴，并注明坐标轴所代表物理量的符号和单位。

分度值是指坐标轴上单位长度所代表的物理量大小，也叫做坐标比例。分度值的选取应注意以下几点。

① 原则上要做到数据中的准确数字在图上应是准确的，即坐标轴上的最小分度应该对应于实验数据的最后一位准确数字。分度值选得过大会损害数据的准确度。

② 坐标比例的选取应以便于读数为原则。常用的比例为“1∶1”、“1∶2”、“1∶5”（包括“1∶0.1”、“1∶10”、…），即每单位长度代表“1、2、5”倍率单位的物理量。作图时应注意：切勿采用复杂的比例关系，如“1∶3”、“1∶7”、“1∶9”等。这样不但不易绘图，而且读数困难。

③ 坐标比例一旦确定，应对坐标轴进行标度，即在坐标轴上均匀地标出所代表物理量的整齐数值，标记时所用的有效数字位数应与实验数据的有效数字位数相同。标度不一定从零开始，一般采用小于实验数据最小值的某一数作为坐标轴的起始点，而采用大于实验数据最大值的某一数作为终点，这样可以保证图纸被充分利用。

（3）标定实验数据点

实验数据点一般用符号“＋”标出，其交点正是数据点的位置。对于同一图纸上出现多于一条实验曲线，各条曲线的数据点可用不同的符号（如⊕、⊗、×、…）标出，以显示各条曲线的区别。不能只用符号“·”来标定实验数据，因为绘制实验曲线时，用符号“·”标注的实验数据点可能会被曲线覆盖。

（4）描绘实验曲线

在描绘实验曲线时，应借助直尺、曲线板、透明三角板、细硬铅笔等工具，根据不同的情况将数据点连成表征实验规律的直线、折线或者曲线。要使所绘制的实验图线尽可能穿过多的测量数据点。根据随机误差原理，不在线上的实验数据点应均匀分布在曲线两侧，与曲线的距离尽可能小。对于个别偏离曲线较远的点，应仔细检查标定点是否错误，若检查无误则表明该点的数据可能是错误数据，在连线时可以不予考虑。

（5）实验图线的名称及相应说明

在图纸上应注明图线的名称、坐标比例，并配以文字进行必要的说明（主要指实验条件），在恰当位置注明绘图者的姓名、日期等。

1.4.3 逐差法

若两个变量之间存在线性关系，且自变量为等差级数变化时，可用逐差法处理数据，逐差法处理既能充分利用实验数据，又能减小误差。其要求是：测量得到的数值为偶数组，然后将其分为前后两组，将对应项分别相减，然后再求平均值。

例如，按照胡克定律，在弹性范围内，弹簧的伸长量x与其所受的拉力f大小满足关系式$f = kx$，设在实验中，等间隔地在弹簧下加砝码（如每次加1kg），共加9次，分别记下对应的弹簧下端点的位置x_0、x_1、x_2、$\cdots x_9$，求每增加砝码1kg时弹簧的平均伸长量Δx。

若按照一般常识，则可能会很自然地先将所得数据逐项相减，即

$$\Delta x_1 = x_1 - x_0$$
$$\Delta x_2 = x_2 - x_1$$
$$\cdots$$
$$\Delta x_9 = x_9 - x_8$$

然后求平均值

$$\overline{\Delta x} = \frac{\Delta x_1 + \Delta x_2 + \cdots + \Delta x_9}{9}$$
$$= \frac{(x_1 - x_0) + (x_2 - x_1) + \cdots + (x_9 - x_8)}{9}$$
$$= \frac{x_9 - x_0}{9}$$

可以看出，上述解法中实际只用到了 x_9 和 x_0 两个值，其他的测量值根本没有用到。此时可用逐差法进行以下处理，将实验数据分成前后两组，第一组包括 x_0、x_1、x_2、x_3、x_4，第二组包括 x_5、x_6、x_7、x_8、x_9，然后将前后两组的数据进行对应相减

$$\Delta x_1' = x_5 - x_0$$
$$\Delta x_2' = x_6 - x_1$$
$$\cdots$$
$$\Delta x_5' = x_9 - x_4$$

然后求其平均值

$$\overline{\Delta x'} = \frac{\Delta x_1' + \Delta x_2' + \cdots + \Delta x_5'}{5}$$
$$= \frac{(x_5 - x_0) + (x_6 - x_1) + \cdots + (x_9 - x_4)}{5}$$
$$= \frac{1}{5}\sum_{i=0}^{4}(x_{5+i} - x_i)$$
$$\overline{\Delta x} = \frac{1}{5}\overline{\Delta x'}$$

这样，既保证了测量数据都用上，又保持了多次测量的优点，减少了随机误差。逐差法计算简便，特别是在检查具有线性关系的数据时，可随时“逐差验证”，及时发现数据规律或错误数据。

1.4.4 最小二乘法

在实验数据的处理中，往往利用最小二乘法，根据实验数据来求经验公式。在利用最小二乘法时，首先应确定实验数据的函数关系，该函数关系的确定一般是依靠物理理论分析的推断，或者根据实验数据的变化趋势而推测出来。最小二乘法也叫做方程的回归。

若推断物理量 y 和 x 之间的关系是线性关系，则可把函数的形式写成

$$y = kx + b$$

自变量只有 x 一个，故称为一元线性回归。这也是最小二乘法中最简单最基本的问题。

在确定了函数关系之后，可以利用一组实验数据来确定上述方程的各待定常数。设实验得到的数据为(x_1,y_1)，$(x_2,y_2)\cdots(x_i,y_i)\cdots(x_n,y_n)$，如果实验没有误差，把（$x_1,y_1$），$(x_2,y_2)\cdots(x_i,y_i)\cdots(x_n,y_n)$代入函数方程时，方程的左右两边应该相等。但实际上，测量总是伴随着测量误差，我们把这些测量归结为y的测量偏差

$$\delta_i = y_i - (kx_i + b)$$

根据最小二乘法的原理，偏差的平方和为最小，设其偏差的平方和为S，则此时

$$S=\sum_{i=1}^{n}\delta_i^2=\sum_{i=1}^{n}(y_i-kx_i-b)^2$$

的值为最小。

使S为最小的条件是

$$\frac{\partial S}{\partial k}=0,\ \frac{\partial S}{\partial b}=0,\ \frac{\partial^2 S}{\partial k^2}=0,\ \frac{\partial^2 S}{\partial b^2}=0$$

由一阶微商为零得

$$\frac{\partial S}{\partial k}=-2\sum_{i=1}^{n}(y_i-kx_i-b)x_i=0$$

$$\frac{\partial S}{\partial b}=-2\sum_{i=1}^{n}(y_i-kx_i-b)=0$$

解得

$$k=\frac{\sum_{i=1}^{n}x_i\sum_{i=1}^{n}y_i-n\sum_{i=1}^{n}(x_iy_i)}{(\sum_{i=1}^{n}x_i)^2-n\sum_{i=1}^{n}x_i^2}$$

$$b=\frac{\sum_{i=1}^{n}x_i\sum_{i=1}^{n}(x_iy_i)-\sum_{i=1}^{n}x_i^2\sum_{i=1}^{n}y_i}{(\sum_{i=1}^{n}x_i)^2-n\sum_{i=1}^{n}x_i^2}$$

令

$$\overline{x}=\frac{1}{n}\sum_{i=1}^{n}x_i,\ \overline{y}=\frac{1}{n}\sum_{i=1}^{n}y_i,\ \overline{x}^2=(\frac{1}{n}\sum_{i=1}^{n}x_i)^2,\overline{x^2}=\frac{1}{n}\sum_{i=1}^{n}x_i^2,\overline{xy}=\frac{1}{n}\sum_{i=1}^{n}(x_iy_i)$$

则

$$b=\overline{y}-k\overline{x}$$

$$k=\frac{\overline{x}\cdot\overline{y}-\overline{xy}}{\overline{x}^2-\overline{x^2}}$$

相关系数为

$$r=\frac{\sum_{i=1}^{n}(x_i-\overline{x})(y_i-\overline{y})}{\sqrt{\sum_{i=1}^{n}(x_i-\overline{x})^2(y_i-\overline{y})^2}}$$

第2章 力学、热学实验

本章将介绍一些简单的力学、热学物理实验的原理和操作。

实验一　拉伸法测金属丝的杨氏模量

一、实验目的

- 掌握螺旋测微器的使用方法。
- 学会用光杠杆测量长度的微小变化量。
- 学会一种测量金属丝的杨氏模量的方法。
- 掌握逐差法和图示法处理实验数据。

二、实验仪器

弹性模量仪、1kg 的砝码 6 只、螺旋测微器、米尺、光杠杆镜尺组合（包括光杠杆、望远镜及标尺）。

三、实验原理

1. 胡克定律和杨氏弹性模量

固体在外力作用下将发生形变，若外力撤去后相应的形变消失，这种形变称为弹性形变；若外力撤去后形变没有恢复或者没有完全恢复，这种形变称为塑性形变。

应力是指单位横截面积上所受到的力（F/S）。

应变是指在外力作用下的相对形变（相对伸长 $\Delta L/L$）。应变反映了物体形变的大小。

若有一金属细丝在外力作用下被拉长，根据胡克定律，在弹性限度内，物体所受的应力与应变成正比，即

$$\frac{F}{S}=Y\cdot\frac{\Delta L}{L}$$

或

$$Y=\frac{F}{S}\cdot\frac{L}{\Delta L}$$

式中 Y 称为构代弹性模量，单位为 $N \cdot m^{-2}$。

设金属丝直径为 d，则截面面积为 $S = \pi d^2 / 4(m^2)$，外力的单位为 N，长度单位为 m，代入上式可得

$$Y = \frac{4FL}{\pi d^2 \Delta L} \tag{2-1}$$

2．光杠杆镜尺法测量微小长度的变化

在式（2-1）中，在外力的 F 的拉伸下，金属丝的伸长量 ΔL 是很小的量。用一般的长度测量仪器无法测量。在本实验中采用光杠杆镜尺法。实验装置如图 2-1 所示，将其置于弹性模量仪上。

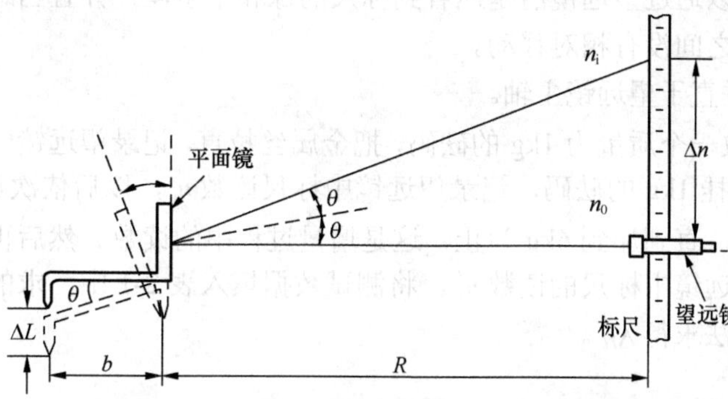

图 2-1　光杠杆镜尺法测金属丝杨氏模量装置示意图

初始时，平面镜处于和水平方向垂直状态。标尺通过平面镜反射后，在望远镜中可以通过平面镜观测到标尺的像。设望远镜中十字线处在标尺上刻度为 n_0，当金属丝下降 ΔL 时，平面镜将转动 θ 角。则望远镜中标尺的像也发生移动，十字线降落在标尺的刻度为 n_i 处。由于平面镜转动 θ 角，进入望远镜的光线旋转 2θ 角。从图 2-1 中看出望远镜中标尺刻度的变化

$$\Delta n = n_i - n_0$$

因为 θ 角很小，所以有 $\theta \approx \tan\theta$，由图 2-1 中三角形几何关系可得

$$\theta \approx \tan\theta = \frac{\Delta L}{b}$$

$$2\theta \approx \tan 2\theta = \frac{\Delta n}{R}$$

所以有

$$\Delta L = \frac{b}{2R}\Delta n \tag{2-2}$$

由式（2-1）和式（2-2）可得

$$Y = \frac{8FLR}{\pi d^2 b \Delta n} \tag{2-3}$$

ΔL 本来为很难测的微小长度，但是当 R 远大于 b 时，经光杠杆转换后的量 Δn 却可以很大，可以从标尺上直接读出。光杠杆的放大倍数为 $\frac{2R}{b}$。在实验中，通常取 b 为 4～8cm，R 为 1～2m，可以看出，放大倍数可达到 25～100 倍。

四、实验内容

① 调整杨氏模量测定仪底部的 3 个螺钉，使工作台水平。

② 放上光杠杆，使 T 形架的两前足置于平台上的沟槽内，后足置于方框夹头的平面上。微调工作台使 T 形架的三足尖处于同一水平面上，并使反射镜面铅直。

③ 将望远镜标尺架放置于距离光杠杆反射平面镜 1～2m 处，调节望远镜光轴与反射镜中心等高，此时，可以通过望远镜清楚地看到标尺的像和十字丝，并且当眼睛上下移动时，十字丝与标尺的刻度之间没有相对移动。

④ 调节平面镜垂直于望远镜主轴。

⑤ 在砝码钩上放一个质量为 1kg 的砝码，把金属丝拉直，记录望远镜中标尺的初始读数 n_0，再在金属丝下端挂 1kg 的砝码，记录望远镜中标尺读数 n_1，以后依次加 1kg，并分别记录望远镜中标尺读数，直到加到 6kg 为止，这是增量过程中的读数。然后再每次减少 1kg 砝码，并记下减重时望远镜中标尺的读数 n_1'。将测试数据填入表 2-1 中，求的相应砝码下的增减平均值，并用逐差法求得 $\overline{\Delta n}$。

表 2-1 测试数据

次数	F_i	n_i	n_i'	$\bar{n}$	$\bar{n}-n_0$	$\Delta n=\bar{n}_{i+3}-n_i$	$\Delta(\Delta n_i)$
0							
1							
2							
3							
4							
5							
6						$\overline{\Delta n}$	$\overline{\Delta(\Delta n)}$
7							

⑥ 取下所有砝码，用卷尺测量平面镜与标尺之间的距离 R，金属丝长度 L，测量光杠杆常数 b（把光杠杆在纸上按一下，留下其 3 个脚的痕迹，连成一个等腰三角形。作其底边上的高，即可测出 b）。

⑦ 用螺旋测微器测量金属丝直径 6 次。可以在金属丝的不同部位和不同的径向测量。因为不能保证金属丝直径均匀，也不能保证其截面积是理想的圆。

⑧ 将测量所得的 R、L、b 和 d 的值填入表 2-2 中。

表 2-2　　测量值 **R**、**L**、**b** 和 **d**　　单位（m）

次数＼参数	L	R	b	d	Δd
1					
2					
3					
4					
5					
6					
平均值					

⑨ 由公式（2-3）计算金属丝的构代模量。

五、数据处理与误差分析

（1）由式

$$\overline{Y}=\frac{8F\overline{L}\overline{R}}{\pi\overline{d}^2\overline{b}\overline{\Delta n}}$$

求出杨氏模量 Y。

（2）测量误差

$$\Delta Y=\left(2\frac{\overline{\Delta d}}{\overline{d}}+\frac{\overline{\Delta(\Delta n)}}{\overline{\Delta n}}\right)$$

六、注意事项

① 在加减砝码时一定要轻拿轻放，以防拉断金属丝。

② 使用螺旋测微器时只能用棘轮旋转。

③ 用钢卷尺测量标尺到平面镜的垂直距离时，卷尺表面要放平整。

④ 实验室中的杨氏模量仪的主支架已固定，因此不要调节主支架，以防事故发生。

⑤ 测量金属丝长度时，要加上一个修正值 $\Delta L_{修}$，$\Delta L_{修}$ 是在夹头内不能直接测量的一段金属丝长度。

七、思考题

① 公式 $Y=\dfrac{8FLR}{\pi d^2 b\Delta n}$ 测量的各长度量，使用了不同的量具和方法，这是根据什么考虑的？

② 根据 Y 的误差公式，分析哪个量的测量对 Y 的测量结果影响最大？

③ 怎样提高光杠杆测量微小变化的灵敏度？这种灵敏度是否越高越好？

实验二　动力学法测弹性模量

一、实验目的

- 学会用动力学法测定材料的杨氏模量。
- 练习使用示波器与信号发生器。
- 学会用外延法测量与处理数据。

二、实验仪器

动力学弹性模量实验仪、试样、示波器、游标卡尺、螺旋测微器、天平。

三、实验原理

设一长度为 L、直径为 d 的细长棒轴线沿 x 方向，且两端自由，如图 2-2 所示。根据数学原理，当其做微小弯曲振动时，其振动的动力学方程可表示为

$$\frac{\partial^4 z}{\partial x^4}+\frac{\rho S}{EJ}\frac{\partial^2 z}{\partial t^2}=0$$

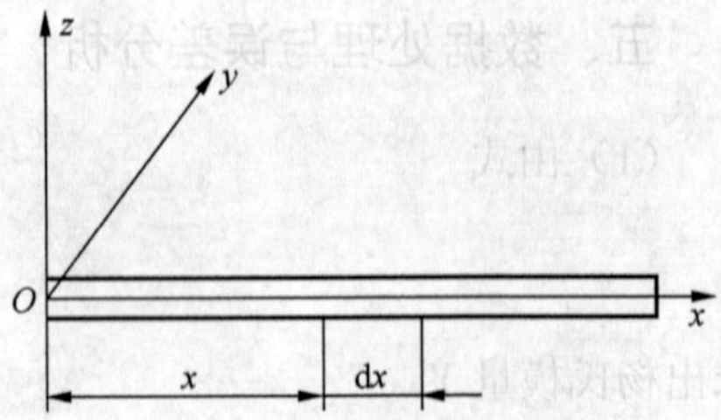

图 2-2　细棒振动

式中，ρ 为细棒的密度，S 为其横截面积，E 为弹性模量，J 为细棒某一截面对棒的中心轴线的转动惯量（$J=\iint_s z^2\mathrm{d}S$），棒在 x 处 $\mathrm{d}x$ 体积元的横向位移为 z，

用分离变量法求解方程，令

$$z(x,t)=X(x)T(t)$$

代入动力学方程中可得细棒振动的频率公式为

$$\omega=\left(\frac{K_n{}^4 EJ}{\rho S}\right)^{\frac{1}{2}}$$

式中，K_n 为一常量。实验表明，频率公式对于截面为任意形状以及不同边界条件的试样都是成立的。因此，只要考虑到特定的边界条件，就可以定出 K_n 的值。本题中棒两端是自由的，于是可通过计算求得

$$K_nL=0,\ 4.730,\ 7.853,\ 10.996,\ \cdots$$

式中，$K_0L=0$ 对应的是棒的静止状态，$K_1L=4.730$ 对应棒的基频（固有频率），$K_2L=7.853$ 对应一次振动，依此类推。

在本实验中使用基频振动求弹性模量，把 $K_1=\frac{4.730}{L}$ 代入到频率公式，得细棒的弹性模量

$$E=1.606\,7\frac{L^3m}{d^4}f_{固}{}^2 \tag{2-4}$$

式中，E 的单位和杨氏模量的单位一样，都为 Pa 或 N/m^2，$f_{固}$ 为细棒做基频振动的固有频率。

细棒做基频振动的波形如图 2-3 所示。

从式（2-3）可以看出，通过实验测定材料弹性模量的关键在于测定试样做基频振动时的固有频率。所用实验装置原理如图 2-4 所示。信号发生器发出的信号激励激振器，其将电信号转变为机械振动信号，通过悬丝 A 传入被测件，促使其发生振动。被测件的振动情况通过悬丝 B 传到拾振器，拾振器把机械振动转换成电信号，此信号可以在示波器上进行观察。当信号发生器输出的信号频率达到被测件的固有频率时，发生共振，示波器上的波形突然增大，此时信号发生器输出的信号频率，就是试样在某测试温度下的共振频率 $f_{共}$。

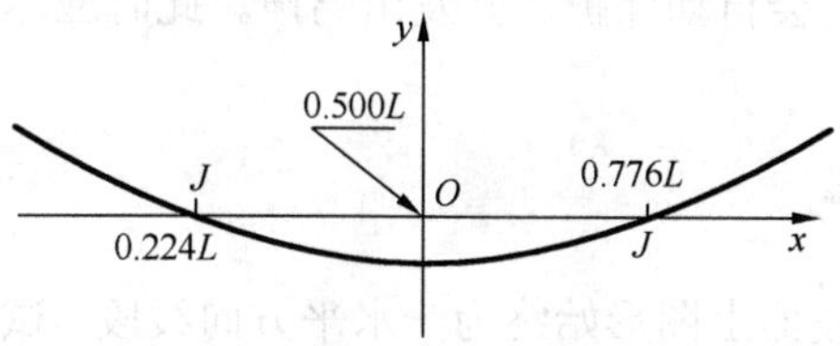

图 2-3 细棒做基频振动时的波形图

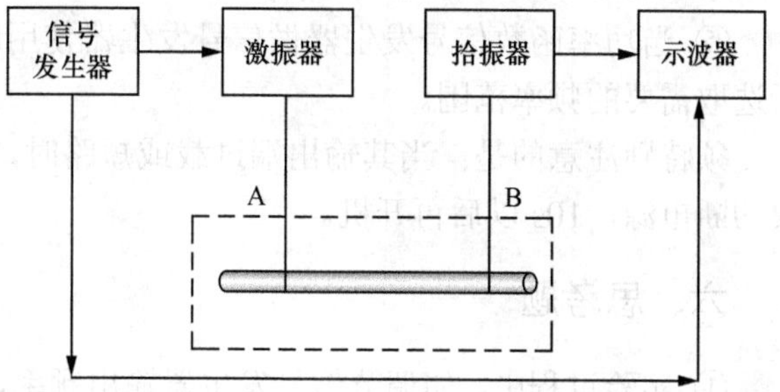

图 2-4 动力学测弹性模量装置原理图

考虑到物体的固有频率 $f_{固}$与共振频率 $f_{共}$之间的关系

$$f_{固}=f_{共}\sqrt{1+\frac{1}{4Q^2}} \tag{2-5}$$

式中，Q 为试样的品质因数，由于一般的 Q 值最小为 50，因此，固有频率和共振频率差别不大，可以用共振频率来代替固有频率。

于是，将式（2-5）代入到式（2-4）中，可计算出试样在某温度下的弹性模量。

四、实验内容

① 测量试样的长度，重复 3 次取平均值。

② 测量试样的直径，在不同部位测 5 次取平均值。

③ 测量试样的质量 1 次。

④ 测量室温下试样的基频共振频率。

在基频节点处左右 30mm 范围内同时改变两悬丝吊扎点的位置，每隔 10mm 测一次共振频率，共测 6 次。设试样端面至悬丝吊扎点的距离为 x，以 $\frac{x}{l}$ 为横坐标，共振频率 $f_{共}$ 为纵坐标作图，由图确定节点位置的基频共振频率。由于样品内部材质不一定均匀，样品径向放置方向不同，会测得不同的 $f_{共}$ 值。测过每个支点之后，应绕轴将样品转 90° 再测一遍，取平均值。

⑤ 由公式（2-4）计算细棒的弹性模量。

五、注意事项

① 要小心地将试样悬挂于悬丝之上，并使试样保持横向水平，悬丝与试样轴向垂直，两

悬丝吊扎点到试样端点距离相等，且试样处于静止状态。

② 悬挂试样或移动悬丝吊扎点位置时一定要小心，轻放轻移，千万不要用力拉悬丝，以免损坏仪器。

③ 在寻找共振频率时，要先用频率粗调旋钮 FA 调到共振频率附近，此时注意示波器显示，再用频率细调旋钮 FC 仔细调节，否则共振峰很容易被错过。

④ 注意真假共振峰的判别。撤耦判别法比较简单有效。即：当共振信号为真时，将试样用手托起，或用笔杆、小螺丝刀杆等轻轻与试样中点接触，则示波器的图形闭合成一条线，否则示波器的图形不能闭合成一条线。

⑤ 当功率函数信号发生器做信号发生器使用时，要将“计频显示”开关扳向“内”，然后选取需要的频率范围。

须特别注意的是：当其输出端过载或短路时，仪器会自动保护，并发出鸣声。此时应尽快切断电源，10s 以后再开机。

六、思考题

① 实验过程中，如调节信号发生器输出频率，示波器上图形始终为一水平方向线段，试分析可能的原因。

② 试比较支撑法与悬挂法测定材料杨氏模量的优缺点。

③ 对于用不同悬丝进行实验的实验结果进行分析讨论，得出你自己的实验结论。

实验三　三线悬盘法测物体的转动惯量

一、实验目的

- 掌握用三线悬盘法测量物体的转动惯量的原理。
- 学会用三线悬盘法测量匀质圆盘绕对称轴转动的转动惯量。
- 验证转动惯量的平行轴定理。

二、实验仪器

三线悬盘装置、物理天平、游标卡尺、计时器、米尺、待测圆柱体。

三、实验原理

1．三线悬盘的构造

图 2-5 所示为三线悬盘实验装置的构造示意图。三线悬盘是由一个匀质圆盘（悬盘）用 3 条悬线对称地悬挂在可转动的顶部圆盘下而构成。其中，上、下圆盘均处于水平，悬挂在横梁上。3 个对称分布的等长悬线的悬点位于小于圆盘周界的同心圆周上，且分别位于圆内接三角形的顶点。上圆盘固定，下圆盘可绕通过上下圆盘中心的轴 OO' 做扭摆运动。当下盘转动角度很小，且空气阻力可以忽略不计时，扭摆的运动可近似看作简谐运动。根据能量守恒定律和刚体转动定律均可以导出物体绕中心轴 OO' 的转动惯量 J。

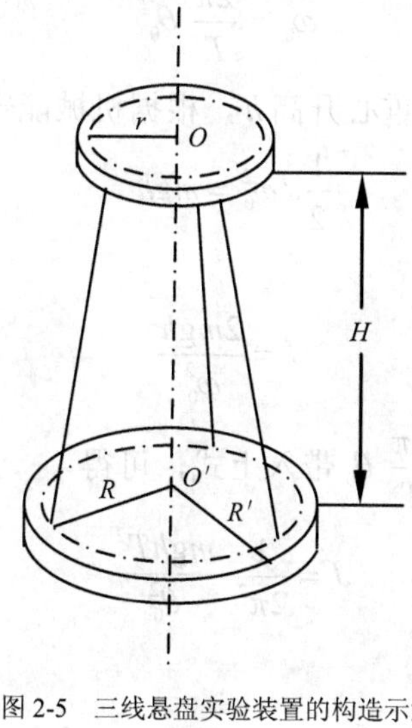

图 2-5　三线悬盘实验装置的构造示意图

2．悬盘绕中心轴转动惯量的原理

如图 2-6 所示，当悬盘绕中心轴 OO' 做扭摆运动时，悬盘既有绕轴的运动，又有沿该轴的升降运动，当转过角度 θ 很小时，其扭动可以看作为简谐振动，其运动方程为

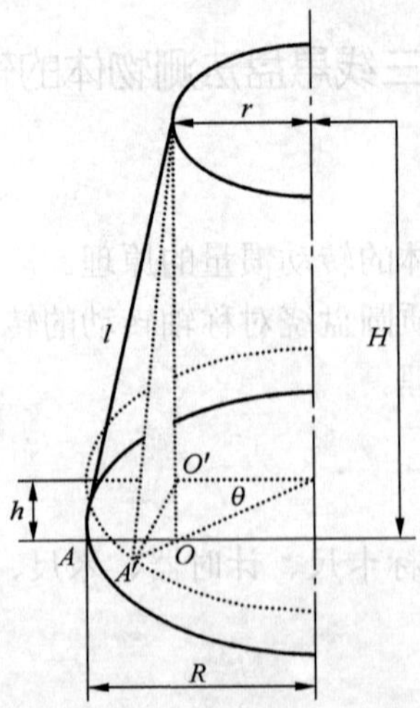

图 2-6　悬盘绕中心轴转动惯量公式的推导图

$$\theta = \theta_0 \sin \frac{2\pi}{T} t$$

相应的角速度为

$$\omega = \frac{\mathrm{d}\theta}{\mathrm{d}t} = \frac{2\pi}{T}\theta_0 \cos\frac{2\pi}{T}t = \omega_0 \cos\frac{2\pi}{T}t$$

式中，θ_0 为振幅，T 为周期，ω_0 为通过平衡位置时的角速度，即最大角速度

$$\omega_0 = \frac{2\pi}{T}\ \theta_0$$

当摆离开平衡位置最远时，其重心升高 h，根据机械能守恒定律，有

$$\frac{1}{2}J\omega_0^2 = mgh$$

即

$$J = \frac{2mgh}{\omega_0^2}$$

式中，m 为悬盘的质量。将 $\omega_0 = \frac{2\pi}{T}\ \theta_0$ 带入上式，可得

$$J = \frac{1}{2\pi^2}\ \frac{mghT^2}{\theta_0^2} \tag{2-6}$$

从图 2-6 中的几何关系中可以看出

$$(H-h)^2 + (R^2 + r^2 - 2R\cdot r\cdot\cos\theta_0) = l^2 = H^2 + (R-r)^2$$

即

$$Hh - \frac{h^2}{2} = Rr(1-\cos\theta_0)$$

由于 $h<<l$，可将高阶小量 $\frac{h^2}{2}$ 略去，且 θ 很小时，有 $1-\cos\theta_0 \approx \theta_0^2/2$，则上式化为

$$h=\frac{Rr\theta_0^2}{2H}$$

将上式代入式（2-6）中，得

$$J=\frac{mgRr}{4\pi^2 H}T^2 \tag{2-7}$$

即通过测量 H、T、R、r 以及 m，可以算出转动惯量的值。

3．测量小圆环的转动惯量 J_C

若质量为 M 的物体绕通过其质心轴的转动惯量为 J_x，将圆环放置到悬盘上时，则此物体对新轴 OO' 的转动惯量为

$$J_{OO'}=J+J_x \tag{2-8}$$

上式即为两个刚体转动惯量的叠加的表达式。下面用三线悬盘验证一下。

实验时将质量均为 M' 的小圆环放置于悬盘上，按同样的方法测出小圆环和下盘绕中心轴 OO' 的转动周期 T_x，则可求出小圆环对中心转轴 OO' 的转动惯量为

$$J_x=J_{OO'}-J=\frac{(m+M)gRr}{4\pi^2 H}T_x^2-J=\frac{(m+M)gRr}{4\pi^2 H}T_x^2-\frac{mgRr}{4\pi^2 H}T^2$$

四、实验内容

① 调整三线摆装置。

- 利用上圆盘上的 3 个调节螺丝，使 3 悬线等长，并固定紧定螺钉，用米尺测量悬线的长度。
- 观察下圆盘中心的水准器，并调节底板上 3 个调节螺钉，使下圆盘处于水平状态。

② 轻轻扭动上圆盘，将最大转角控制在 5° 以下，使悬盘摆动，用计时器测出悬盘摆动 30 次所需要的时间，填入表 2-3 中，重复 3 次求其平均值，求出悬盘的摆动周期 T。

③ 将质量和形状皆相同的两个圆柱体对称地放置于悬盘上，用（2）中的方法求出振动周期 T'，也填入表 2-3 中。

表 2-3　　时间与周期

物体＼项目次数	摆动 30 次所需要的时间				周　期	
	1	2	3	平均值		
悬盘					T	
悬盘小圆环					T'	

④ 分别测量出表 2-4 中标出的参数，填入表 2-4 中。

表 2-4 参数

参数	单位	参数	单位		参数	单位	
悬盘质量 m		悬盘半径 R'	1		上下圆盘垂直距离 H		
			2				
			3				
			平均值				
小圆环质量 M'		小圆环的内外半径 R_1、R_2	1			上圆盘外接圆半径 r	
			2				
			3			下圆盘外接圆半径 R	
			平均值				

⑤ 由实验原理中得到的公式求实验所得的各转动惯量，并填入表 2-5 中，并根据表 2-5 的要求求其理论值，并计算百分误差。即

悬盘的转动惯量理论值为

$$J_0 = \frac{1}{2} m R'^2$$

小圆盘的转动惯量理论值为

$$J = \frac{1}{2} M (R_1^2 + R_2^2)$$

表 2-5 求实验所得的各转动惯量

物体 \ 转动惯量	理论值	实验值	百分误差
圆盘	$J_0 = \frac{1}{2} m R'^2$		$E_{x1} = \frac{\lvert J_0 - J \rvert}{J} \times 100\%$
小圆盘	$J = \frac{1}{2} M (R_1^2 + R_2^2)$		$E_{x2} = \frac{\lvert J - J_x \rvert}{J} \times 100\%$

五、注意事项

① 对于计时器，打开电源，程序预置的周期为 T=30。要注意的是：当计时开始时，显示的是小球经过光电门的次数，当计数达到 $2T$+1 次时，计时停止并且显示具体时间（单位是 s）。例如，我们预置周期为 50，按下执行键开始计时，显示的是小球经过光电门的次数，当这个计数达到 2×50+1=101 次时，计时停止，显示具体时间。

② 扭摆的转角应控制在 5° 以内，否则 θ 不能认为很小。

六、思考题

① 用三线摆测量刚体转动惯量时，为什么必须保持下盘水平？

② 在测量过程中如果下盘出现晃动对周期的测量有影响吗？如有影响，应该如何避免？

③ 三线悬盘放上待测物后，其摆动周期是否一定比空盘的转动周期大？为什么？

④ 三线摆在摆动中受空气阻尼，振幅越来越小，它的周期是否会变化？对测量结果影响大吗？为什么？

实验四 金属线膨胀系数的测量

一、实验目的

- 学习用千分表测量微小长度变化量的方法。
- 用线膨胀仪测定金属在一定温度范围内的平均线膨胀系数。

二、实验仪器

金属线膨胀系数测试仪、温度计、米尺、游标卡尺、千分表、待测金属试样。

三、实验原理

经验表明，在一定的温度范围内，物体受热后其伸长量与其温度的增加量近似成正比，与原长也成正比。设l_0为物体在标准情况下（即温度$T_0=0^\circ\mathrm{C}$时）的长度，则该物体在T_1时的长度l_1可由下式表示

$$l_1 = l_0\left(1+\alpha T_1\right)$$

式中，α为该物体的线膨胀系数，在温度变化不大时，α可视为常数。上式可化为

$$\Delta l = \alpha l_0 T_1$$

可见，α的物理意义为：温度每升高$1^\circ\mathrm{C}$时物体的伸长量$\Delta l = l_1 - l_0$与它在$0^\circ\mathrm{C}$时的长度之比，其单位为：每摄氏度或每热力学温度。

当温度变化较大时，α与温度T有关，即

$$\alpha = a + bT + cT^2 + \cdots$$

式中，a，b，c，…分别为与材料种类有关的常量，可从专业手册查到。表2-6所示为几种常见材料的线膨胀系数。

表2-6 几种常见材料的线膨胀系数

材　料	铜、铁、铝	普通玻璃、陶瓷	殷钢	熔凝石英
α数量级	$\sim10^{-5}$（℃）$^{-1}$	$\sim10^{-6}$（℃）$^{-1}$	$<2\times10^{-6}$（℃）$^{-1}$	$\sim10^{-7}$（℃）$^{-1}$

在实际测量中，一般只能测得材料在温度T_1及T_2时的长度l_1及l_2，设α是常量，此时

$$\alpha = \frac{l_2 - l_1}{l_1T_2 - l_2T_1} = \frac{\Delta l}{l_1T_2 - l_2T_1}$$

因为一般情况下固体的热膨胀非常微小，且在实际测量中当温度T_1和T_2之间温差不大，所以，有$\Delta l << l_1$，于是上式可写为

$$\alpha \approx \frac{\Delta l}{l_1\left(T_2 - T_1\right)}$$

由上式即可求得物体在温度T_1和T_2之间的平均线膨胀系数。其中，微小长度变化量可借助千分表予以测量。

四、实验内容

图 2-7 所示为金属线膨胀系数测量的实验装置示意图。包括：加热引线、温度传感器、千分表等。

① 轻轻取下样品，用米尺测量其在室温下的长度 l_1。

② 安装好实验装置，连接好电缆线，打开电源开关，并将仪器调整到位，加热盘温度设定初温为 50.0℃，读出千分表数值 A_1。

③ 打开电源开关，适当调节加热功率，对样品加热。待温度稳定后，读取样品温度 T_2，并再次记录千分表读数 A_2。

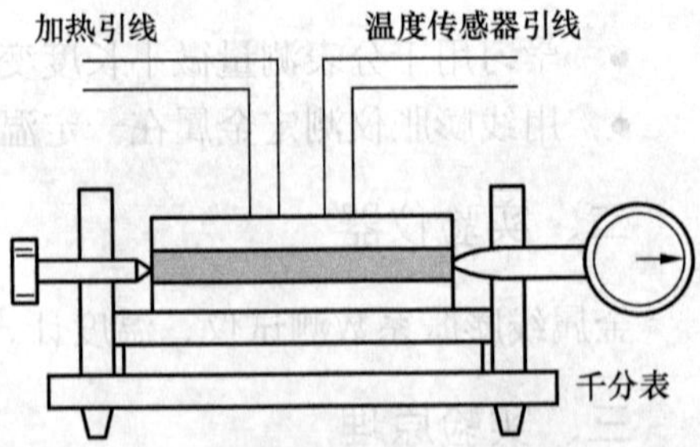

图 2-7　金属线膨胀系数测量实验装置图

本实验中选择温度分别为 55.0℃、60.0℃、65.0℃、70.0℃、75.0℃、80.0℃、85.0℃、90.0℃、95.0℃。分别记下在这些温度下千分表读数 A_2、A_3、A_4、A_5、A_6、A_7、A_8、A_9、A_{10}。

④ 用逐差法求出在室温下金属棒的平均伸长量，并求出金属棒在 50℃～95℃温度区间内的线膨胀系数。

五、注意事项

① 保持样品清洁，其两端不得有污垢，安装样品时应稳妥，轻拿轻放。

② 加热功率调节应适当，切不可使温度超出温度计量程。

③ 待样品温度稳定后方可读取 T_2 及 A_2。

六、思考题

① 仪器的安装、调整应注意什么问题？

② 如何判断样品温度是否稳定？若样品温度不稳定会对结果有何影响？

实验五　液体表面张力系数的测量

一、实验目的

- 用拉脱法测定室温下液体的表面张力系数。
- 学习焦利秤的使用方法。

二、实验仪器

焦利秤、砝码、弹簧、金属圆环、玻璃皿、蒸馏水、细线。

三、实验原理

液体的表面都有收缩的趋势，所以液滴总是趋于球形，其表面内存在一种张力，这被称为表面张力，用 f 表示。设想在液面上作一长为 L 的线段，则张力的作用表现在线段两侧液面以一定的力 f 相互作用，且 f 在液面过线段的切平面内，方向与线段垂直，大小与线段的长度 L 成正比，如图 2-8（a）所示，若用 σ 表示液体表面张力系数，则有

$$f = \sigma L$$

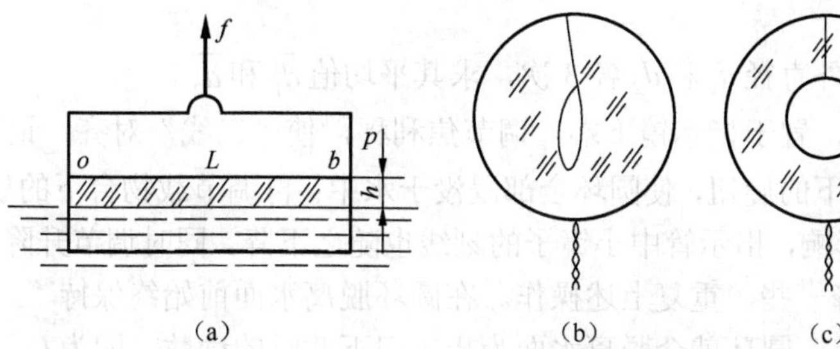

图 2-8　液体表面张力示意图

实验中选择圆形细金属环，如图 2-8（b）、（c）所示。设金属环内外径分别为 d_1 和 d_2，则有

$$L = \pi(d_1^2 + d_2^2)，\quad \sigma = \frac{f}{L} = \frac{f}{\pi(d_1^2 + d_2^2)}$$

将金属圆环竖直置于液体中，保持其底边水平。然后渐渐将金属圆环拉起，保持速度足够慢，则金属环内会被带出一液体膜。设拉力为 F，可知，在圆环脱离液体瞬间，液体膜被拉直，而系统受力仍然可视作平衡，有

$$F = mg + f$$

式中，m 为圆环及其所沾液体的总质量。上式可变形得

$$f = F - mg$$

所以有

$$\sigma = \frac{f}{L} = \frac{F - mg}{\pi(d_1^2 + d_2^2)} \tag{2-9}$$

本实验中，用焦利秤（见图 2-9）通过测量弹簧的倔强系数 K，以及和拉出金属环前后弹簧的伸长量 $(l - l_0)$，并利用胡克定律 $F - mg = K(l - l_0)$，带入式（2-9），得

$$\sigma = \frac{K(l-l_0)}{\pi(d_1^2+d_2^2)} \tag{2-10}$$

从而求出液体表面张力系数。

实验中液体一般为蒸馏水，放于玻璃皿中。

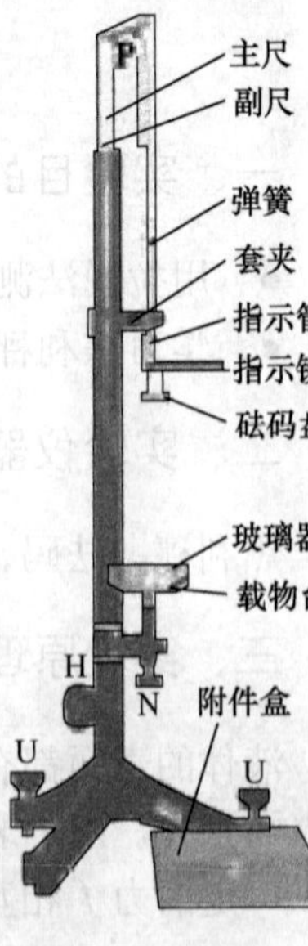

图 2-9　焦利秤

四、实验内容

1. 测量弹簧的劲度系数 *K*

① 将弹簧、指示镜和砝码盘挂在焦利秤上，调节三角底座上的螺旋，使金属杆竖直、十字线的竖直线穿过平面镜支架上小圆孔的中心。

② 在砝码盘上从空载（即为 0.0g）开始，每次加上 0.5g 的砝码，直到 4.5g；然后再从 4.5g 开始，每次减 0.5g，直到空载时。每次进行加减砝码操作时，均应旋转旋钮使弹簧上升，使“三线”对齐。用游标卡尺读出相应的读数 $x_i\,(i=0, 1, 2, 3, \cdots)$，求出同一质量下焦利秤读数的平均值。并将数据分成两组，用逐差法求出劲度系数 K。

2. 测量拉脱力 *F*

① 测量圆环的内外直径 d_1 和 d_2 各 3 次，求其平均值 $\overline{d_1}$ 和 $\overline{d_2}$。

② 将金属环擦净，置于指示镜下端，调节焦利秤，使“三线”对齐，记下度数 l_0。

③ 调节载物平台下的旋钮，使圆环全部浸没于水中；再调节载物台下的旋钮，使载物台缓慢下降，由于张力影响，指示管中小镜子的刻线也随之下降。同时调节升降旋钮使“三线”对齐，再使载物台下降一些，重复上述操作。在圆环脱离水面前始终保持“三线”对齐，直到载物台只要下降一点，圆环就会脱离水面为止。记下此时的读数，即为 l。

④ 重复步骤②、③的操作 3 次，求出弹簧的平均伸长量 $\overline{l-l_0}$。

⑤ 将上述数据带入式（2-10）中，求水的表面张力系数 σ，并作误差处理。

五、注意事项

① 若水的表面沾有少许杂质，其表面张力系数将有明显的变化，因此，玻璃皿中的水及金属丝必须保持十分洁净，不许用手触摸玻璃皿的里侧和金属框，也不要用手触及水面。

② 每次实验前要用酒精擦拭玻璃皿和金属框，并用蒸馏水冲洗。

③ 测表面张力时，动作要慢，又要防止仪器受振动，特别是水膜要破裂时，更需注意。

六、思考题

说明为使测出的表面张力系数 σ 能有 3 位有效数字，对所用弹簧的劲度系数应有何要求？

实验六　冰的熔解热的测量

一、实验目的

- 学习用混合量热法测定冰的熔解热。
- 学会使用量热器、正确使用温度计。
- 学会用抵偿法粗略修正散热。

二、实验仪器

量热器、量筒、物理天平、电子天平、温度计两只、玻璃皿、秒表、待测冰等。

三、实验原理

物质从固态转变为液态的过程叫做熔解。对于晶体而言，熔解是组成物质的粒子由规则排列向不规则排列的过程，破坏晶体的点阵结构需要能量，因此，晶体在熔解过程中虽吸收能量，但其温度却保持不变。单位质量的某种晶体物质由固态熔解成为同温度的液态时所吸收的能量，叫做该晶体物质的熔解热，其单位为 $J\cdot kg^{-1}$。

把待测系统 A 与某已知热容的系统 B 相混合，并设法使其成为一个与外界无热量交换的孤立系统 C（C=A+B）。于是，A（或 B）所放出的热量将全部被 B（或 A）所吸收。因此，两系统 A 和 B 在实验中所相互传递的热量 ΔQ，可以依靠已知热容的系统 B 的温度改变 ΔT 和 B 的热容 C_B 计算出来。有

$$\Delta Q = C_B \Delta T$$

本实验中测量冰的熔解热也可据此测定。

综上所述，本实验的基本要求（即基本实验条件）是保持实验系统为孤立系统。为此，将系统置于量热器中进行，其结构如图 2-10 所示。量热器由两个金属筒组成。内筒放置温度计、搅拌器以及待测物质（本实验中为冰块）。内筒被置于一绝热架上，在外筒盖上绝热盖。在此条件下空气对流极少，因此，内外筒间热传导传递的热量很少；并且，内筒的外壁及外筒的内壁都被镀的很光亮，以减少实验环境与周围环境之间产生的热辐射。同时，本实验要求实验者本人在测量方法及实验操作等方面注意绝热问题。但当实验过程中系统与外界的热量交换不能忽略时，就必须做一定的散热修正。

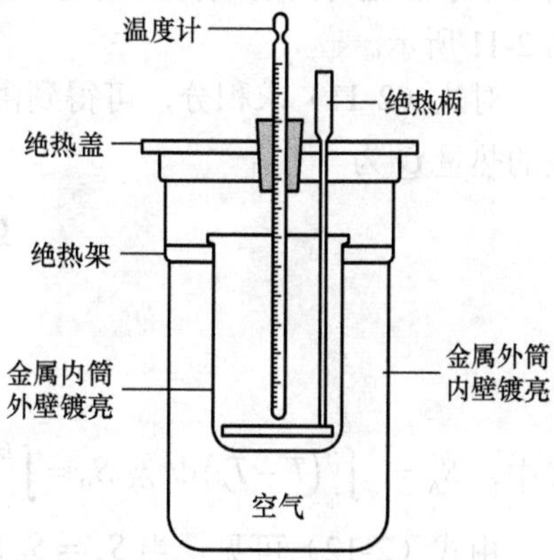

图 2-10　量热器结构示意图

本实验采用的是混合法。

若量热器内筒与搅拌器的质量分别为 m_1、m_2，其热容分别为 C_1 和 C_2，水及冰的热容分别为 C 和 C_i（在 −40℃～0℃范围内，$C_i = 1.8\text{kJ}\cdot\text{kg}^{-1}\cdot\text{K}^{-1}$），冰的熔点为 T_0。

将质量 M、温度 T_0' 的冰块与质量 m、温度 T_1 的水相混合，冰全部熔解为水后，测得其

平衡温度为T_2。则根据热学原理，有

$$C_i M(T_0 - T_0') + ML + CM(T_2 - T_0) = (Cm + C_1 m_1 + C_2 m_2)(T_1 - T_2)$$

通常情况下，可认为冰的熔解温度是 0℃，即可选冰块的温度$T_0' = 0℃$。因此，冰的熔解热L的表达式为

$$L = \frac{1}{M}(Cm + C_1 m_1 + C_2 m_2)(T_1 - T_2) - CT_2$$

考虑到量热器的绝热条件并不十分完善，而且考虑到人为因素及环境因素的影响，在做精密测量时须作适当的散热修正。

本实验所介绍的修正散热的抵偿法的依据为牛顿冷却定律：当系统的温度T高于环境温度T_e时，系统就会散失热量。实验证明：当T与T_e差别不大时，系统的散热速率与T和T_e之间的温差成正比，即

$$\frac{dQ}{dt} = -k(T - T_e) \tag{2-11}$$

式中，dQ表示在时间段dt内系统与外界交换的热量。k为一与系统表面积成正比并随表面辐射本领而变的常量，称为散热常量。k的物理意义为：单位温差下，单位时间的热量损失。其单位为$J \cdot K^{-1} \cdot s^{-1}$。负号的意义：表示当系统温度高于环境温度时，系统散失热量，即当$T > T_e$时，$dQ/dt < 0$，系统向外界放出热量；反之，$dQ/dt > 0$，系统从外界吸收热量。在实验过程中，取环境温度为室温。如果恰当地将系统的初始及最终温度分别选择在室温的两侧，即$T_1 > T_e > T_2$，并且使整个实验过程中系统与外界的热量传递前后彼此抵消，就可以达到散热修正之目的。量热器中水温随时间的变化应该是一条指数下降的曲线，如图 2-11 所示。

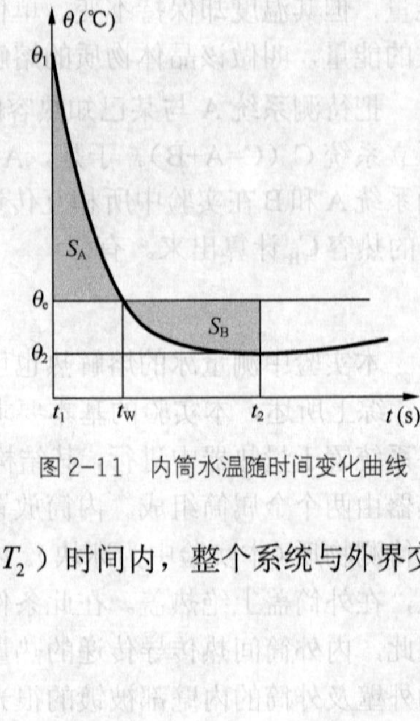

图 2-11　内筒水温随时间变化曲线

对式（2-11）求积分，可得到由t_1到t_2（对应温度T_1及T_2）时间内，整个系统与外界交换的热量Q为

$$\begin{aligned} Q &= -k\int_{t_1}^{t_2}\left[T(t) - T_e\right]dt \\ &= -k\int_{t_1}^{t_e}(T - T_e)dt + k\int_{t_e}^{t_2}(T_e - T)dt \\ &= -kS_A + kS_B \end{aligned} \tag{2-12}$$

式中，$S_A = -\int_{t_1}^{t_e}(T - T_e)dt$及$S_B = \int_{t_e}^{t_2}(T_e - T)dt$分别表示图 2-11 中的阴影面积。

由式（2-12）可见，当$S_A = S_B$时，实验过程中系统与外界交换的热量$Q = 0$。因此，只要适当地选择参数，使曲线与环境温度围成的两块面积S_A、S_B近似相等，就可以使系统很好地近似为一个孤立系统。

由图 2-11 可知，欲使$S_A \approx S_B$，就必须使$T_1 - T_e > T_e - T_2 > 0$。实验前，应作出明确的计划，实验中注意选取及适当调整参数m、M及T_1等，使之满足上述要求。但应注意到$T_2 > 0$的

条件，否则，冰将不能全部熔解。

四、实验内容

① 称量量热器内筒与搅拌器的质量 m_1、m_2，并根据内外筒材料，查表得出其热容 C_1 和 C_2，填入表 2-7 中。

表 2-7　　称量量热器内筒与搅拌器的质量

m_1		m_2		C_1		C_2	

② 记录实验室温度 T_e，取比之温度略高不超过 15℃的纯水注入量热器内筒，使之约占量热筒内筒容积的 2/3，后取出称量水、内筒、搅拌器的总质量，将上述结果填入表 2-8 中。将内筒置于外筒中的绝热架上，盖好盖子，插好搅拌器和温度计。

表 2-8　　总质量

T_e		$m+m_1+m_2$	

③ 搅拌内筒中的水并注意温度计的读数。同时，取一大小适合的冰块，用干布仔细擦干后迅速、仔细地投入内筒，同时记录下水的初温 T_1 以及该时刻时间 t_1，填入表 2-9 中。

表 2-9　　水的初温 T_1 以及该时刻时间 t_1

T_1		t_1	

④ 从初温 T_1 对应的时刻 t_1 开始，到系统末温 T_2 对应的时刻 t_2 为止，在此期间内，每隔一定时间记录下系统的温度，填入表 2-10 中。

表 2-10　　系统温度

T_1		T		T		T		T		T_2	
t_1		t		t		t		t		t_2	

⑤ 称量出熔解后冰水混合物、内筒以及搅拌器的总质量。

⑥ 计算冰的熔解热 L。

五、注意事项

① 放入冰块以及搅拌时应注意避免将水溅出，取温度计时也应注意尽量避免带出水滴。

② 用电子天平称量质量时，应注意不要将水接触电源插座。

六、思考题

① 水的初温选择得过高或者过低会有什么后果？

② 系统的最终温度 T_2 由什么因素决定？

③ 为什么不能在实验过程中打开量热器的盖子去看冰是否熔解完后再盖上盖子？

实验七　弦振动驻波的研究

一、实验目的

- 观察并研究驻波的形成，加深对驻波特点的了解。
- 验证驻波波长与张力的关系。

二、实验仪器

电振音叉、弦线、分析天平、滑轮、弹簧、砝码、低压电源、米尺。

三、实验原理

按照波动理论，横波沿着一条拉紧的弦线传播时，保持弦线的张力T不变，则波速u与张力T以及弦线的线密度ρ间的关系为

$$u=\sqrt{\frac{T}{\rho}} \tag{2-13}$$

设弦线的波动频率为f，横波在弦线上传播的波长为λ，则可根据$u=f\lambda$以及式（2-13）得

$$\lambda=\frac{1}{f}\sqrt{\frac{T}{\rho}}$$

若f和ρ固定，则波长λ为张力T的单值函数，且$\lambda\propto\sqrt{T}$。

测定波长λ，在实验室中常采用在弦线中形成驻波的方法。两列频率、振幅和振动方向均相同的平面简谐波，沿相反方向传播，经干涉而形成驻波。振幅最大处称为波腹，振幅为零处静止不动，称为波节。相邻波节之间距离为半波长，弦上驻波振幅最大且最稳定时，两端形成波节，弦线长度L应满足下式

$$L=n\frac{\lambda}{2}\text{（}n=1，2，3，4，\cdots\text{为弦上半波的个数）}$$

四、实验内容

本实验采用电动音叉产生弦线驻波，如图 2-12 所示。将弦线的一端固定在电动音叉的一个叉枝上，另一端跨过一质量可忽略的小滑轮后拉一砝码 m，砝码重力即为弦线所受张力。

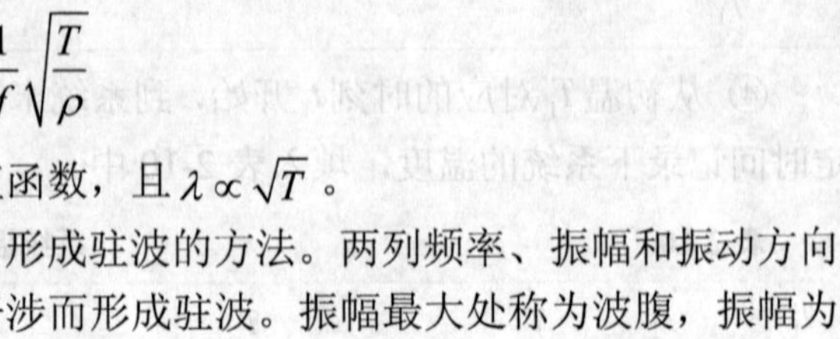

图 2-12　弦振动示意图

（1）调节电源后，调节音叉上的螺钉，使音叉正常振动，固定一个张力T_i。仔细调节弦长，使得弦上出现n_i个稳定的半波，记下上述T_i和n_i，填入表 2-11 中。并由$\lambda_i=2\dfrac{l_i}{n_i}$计算出相应的$\lambda_i$，并由$\lambda_i=\dfrac{1}{f}\sqrt{\dfrac{T_i}{\rho}}=2\dfrac{l_i}{n_i}$，计算弦线的线密度$\rho$并计算其平均值$\overline{\rho}$。

（2）以 $\sqrt{T}$ 为横坐标，λ 为纵坐标作曲线，并由 $\lambda=\dfrac{\sqrt{T}}{f\sqrt{\rho}}$ 验证其线性关系。$\lambda\sim\sqrt{T}$ 曲线的斜率为 $k=\dfrac{1}{f\sqrt{\rho}}$，利用 K 求出 $\rho=\dfrac{1}{(kf)^2}$，并将此结果与内容（1）的结果相比较。

表 2-11　　　　$f=$____Hz（可从音叉直接读出）

次数＼参数	$m/$ (kg)	$\sqrt{T}/(\mathrm{N}^{\frac{1}{2}})$	$l/$ (m)	n	$\lambda/$ (m)	$\rho/$ (kg·m^{-1})
1						
2						
3						
4						
5						
6						
平均值						

（3）验证 $u=\sqrt{\dfrac{T}{\rho}}$ 及 $u=f\lambda$。即：当弦线上形成 n 个稳定半波时，测量出任意 n 个波段的相应长度 l，并将数据填入表 2-12 中，作数据及误差处理。

表 2-12　　　　$f=$____Hz

测量次数		1	2	3	4	5
砝码质量 $m/$ (kg)						
待测半波数 n						
与 n 对应的长度 $l/$ (m)	1					
	2					
	3					
$\bar{l}$ /(m)						
平均一个半波长度 $\bar{L}=\bar{l}/n/$ (m)						
波长 $\lambda=2\bar{L}/$ (m)						
$u_1=\sqrt{T/\bar{\rho}}/$ (m/s)						
$u_2=f\lambda/$ (m/s)						
$E=\dfrac{\lvert u_2-u_1\rvert}{u_1}\times 100\%$						

注：u_1 为理论值，u_2 为实验值。

五、注意事项

（1）电音叉不起振或不使用时，应将螺钉触点断开。

（2）测量时应使驻波波形稳定，且波节清晰，砝码不要晃动，应保持静态。

（3）实验完毕，应立即将所有砝码取下放好。

六、思考题

（1）调出稳定的驻波后，欲增加半波数的个数，应增加砝码还是减少砝码？是增长还是缩短弦线长？

（2）在此实验中，若线端所挂砝码晃动，对实验有什么影响？

第3章 电磁学实验

本章将介绍一些简单的电磁学物理实验的原理和操作。

实验一　太阳能电池伏-安特性的测量

一、实验目的

- 了解太阳能电池的工作原理及应用。
- 测量太阳能电池的伏－安特性曲线。

二、实验仪器

功率为 5W 的太阳能光伏组件、辐射光源、300W 卤钨灯、数字万用表、毫安表、接线板、负载电阻、电风扇、滑动变阻器、米尺、导线若干。

三、实验原理

太阳能电池（Solar Cells）也叫做光伏电池，是将太阳能直接转换为电能的器件。由它封装成太阳能电池组件后，再按需要将几块组件组合成一定功率的太阳能电池方阵，与储能装置、测量控制装置及其他直流－交流变换装置等相配套，构成太阳能电池发电系统。太阳能光伏发电具有很多优点，如不消耗常规能源、无转动部件、寿命长、维护简单、使用方便、功率大小可任意组合、无噪声、无污染等。1954 年美国贝尔实验室研制了世界上第一块实用型半导体太阳能电池。后经人们多年的努力，太阳能电池的研究、开发及产业化已取得长足的进步。随着太阳能电池制造成本的不断降低，太阳能光伏发电将有望逐步部分地取代常规发电。

1．太阳能电池的构造

本实验以晶体硅太阳能电池为例，如图 3-1 所示。晶体硅太阳能电池利用由硅半导体材料制成的大面积 PN 结进行工作。例如，在厚度约 500μm，面积约 10cm×10cm 的 P 型硅片上用扩散法制作出一片很薄的经过重掺杂的 N 型层（厚度约 0.3μm），然后在 N 型层上面制作金属栅线，作为正面接触电极，将金属膜制作在硅片整个背面，作为背面欧姆接触电极，这样就完成了晶体硅太阳能电池的制作。一般在整个表面上再覆盖一层增透膜，目的是为了减

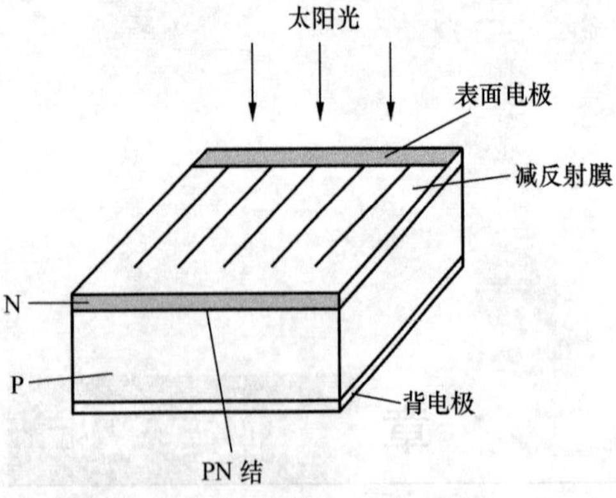

图 3-1 硅太阳能电池结构

少光的反射损失。

2. 太阳能电波的光伏效应

当光线照射在距太阳能电池表面很近的 PN 结时，只要入射光子的能量大于半导体材料的禁带宽度 E_g，在 P 区、N 区以及结区的光子会被吸收，从而产生“电子一空穴对”。在结附近 N 区中产生的少数载流子由于浓度梯度的存在而扩散。只要少数载流子离 PN 结的距离小于它的扩散长度，总有一定几率扩散到结界面处。P 区和 N 区交界面的两侧（即结区）存在一空间电荷区，称为耗尽区。在耗尽区中，正负电荷间将形成一电场，电场方向由 N 区指向 P 区，这个电场称为内建电场。这些扩散到结界面处的少数载流子（空穴）在内建电场作用下被拉向 P 区；同样，在结附近 P 区中产生的少数载流子（电子）如果扩散到结界面处，也会被内建电场迅速拉向 N 区。结区内产生的“电子一空穴对”在内建电场作用下分别移向 N 区和 P 区。外电路处于开路状态时，这些光生电子和空穴积累在 PN 结附近，使得 P 区获得附加正电荷，N 区获得附加负电荷，从而在 PN 结上产生光生电动势。这一现象就称为**光伏效应**，缩写为“PV”。

3. 太阳能电池的特征参量

太阳能电池的工作原理基于光伏效应。光照射到太阳能电池时，太阳能电池内部将产生沿 N 区到 P 区方向的光生电流 I_{ph}。同时，由于 PN 结本身的特性，存在正向的二极管电流 I_D，此电流方向沿从 P 区到 N 区方向，与光生电流方向相反。因此，实际的电流 I 为上面两项的差值，即

$$I = I_{ph} - I_D = I_{ph} - I_0[\exp(\frac{qV_D}{nk_BT}) - 1] \tag{3-1}$$

式中，V_D 为结电压；I_0 为二极管的反向饱和电流；I_{ph} 为光生电流，它与入射光的强度成正比，比例系数由太阳能电池的结构和材料的特性决定；n 称为理想系数，是表示 PN 结特性的参量，通常在数值 1～2 之间；q 为电子电荷；k_B 为玻尔兹曼常数；T 为热力学温度。若忽略太阳能电池的串联电阻 R_S，V_D 即为太阳能电池的端电压 V，则此时，式（3-1）可写为

$$I = I_{ph} - I_0[\exp(\frac{qV}{nk_BT}) - 1] \tag{3-2}$$

当太阳能电池的输出端短路时，有 V=0（即此时有 V_D=0），由式（3-2）可得到短路电流 I_{sc}，即

$$I_{sc} = I_{ph} \tag{3-3}$$

即太阳能电池的短路电流与光生电流相等，和入射光的强度成正比。当太阳能电池的输出端开路时，$I = 0$，由式（3-2）、式（3-3）可得开路电压 V_∞，即

$$V_\infty = \frac{nk_BT}{q}\ln(\frac{I_{sc}}{I_0} + 1) \tag{3-4}$$

太阳能电池接上负载 R 时，所得 R 的伏-安特性曲线如图 3-2 所示。

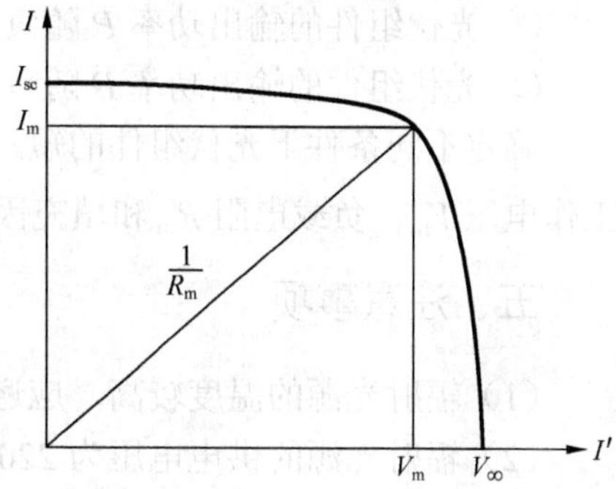

图 3-2 太阳能电池伏安特性曲线

由于负载 R 的取值区间可以从零到无穷大，所以当一负载 R_m 使太阳能电池的功率输出为最大时，其对应的最大功率 P_m 为

$$P_m = I_m V_m \tag{3-5}$$

式中，I_m 和 V_m 分别为太阳能电池的最佳工作电流和最佳工作电压。这里我们把最大功率 P_m 与 V_∞ 和 I_{sc} 的乘积之比定义为填充因子，用 FF 表示，则

$$FF = \frac{P_m}{V_\infty I_{sc}} = \frac{V_m I_m}{V_\infty I_{sc}} \tag{3-6}$$

填充因子为太阳能电池的重要特征参量，其值越大，输出的功率越高。填充因子取决于材料的禁带宽度、理想系数、入射光强、串联电阻、并联电阻等。

太阳能电池的转换效率定义为太阳能电池的最大输出功率与照射到太阳能电池的总辐射能 P 之比，用 η 表示，即

$$\eta = \frac{P_m}{P} \times 100\%$$

4．太阳能电池的等效电路

太阳能电池可用 PN 型二极管 VD、恒流源 I_{ph}、太阳能电池电极等引起的串联电阻 R_s 和相当于 PN 结泄漏电流的并联电阻 R_{sh} 组成的电路来表示，如图 3-3 所示，该电路为太阳能电池的等效电路。由等效电路图可计算出太阳能电池两端的电流和电压的关系为

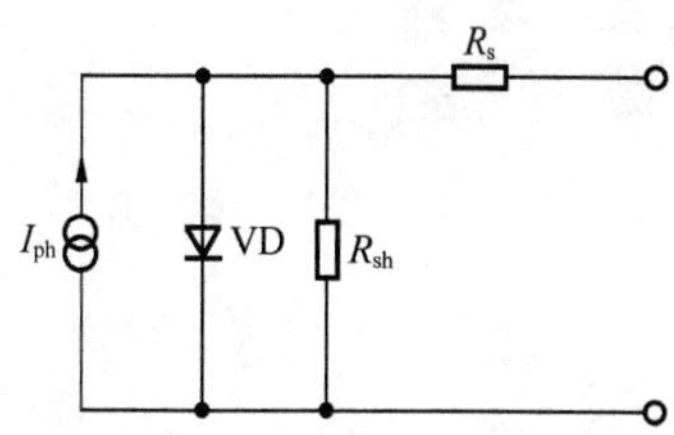

图 3-3 太阳能电池的等效电路

$$I = I_{ph} - I_0\{\exp[\frac{q(V+R_s I)}{nk_B T}]-1\} - \frac{V+R_s I}{R_{sh}}$$

因此，为了使太阳能电池输出更大的功率，必须尽量增大并联电阻 R_{sh}，减小串联电阻 R_s。

四、实验内容

（1）将太阳能光伏组件、数字万用表、负载电阻通过接线板连接成回路，改变负载电阻 R_m，同时测量流经负载的电流 I 和负载上的电压 V，即可得该光伏组件的伏-安特性曲线。测量过程中，辐射光源与光伏组件的距离要始终保持不变，以保证整个测量过程在相同光照强度下进行。

（2）保持负载电阻 R_m 为 0～1.1kΩ，分别测量以下几种条件下的光伏组件伏-安特性曲线。

① 辐射光源与光伏组件的距离为 60cm。

② 辐射光源与光伏组件的距离为 80cm。

③ 辐射光源与光伏组件的距离为 80cm，并且光伏组件与光源间转过一角度（如 30°）。

（3）用坐标纸作出不同条件下的 3 种曲线。

① 光伏组件的伏-安特性曲线。

② 光伏组件的输出功率 P 随负载电压 V 的变化曲线。

③ 光伏组件的输出功率 P 随负载电阻 R_m 的变化曲线。

确定不同条件下光伏组件的短路电流 I_{sc}、开路电压 V_{∞}、最大功率 P_m、最佳工作电流 I_m、工作电压 V_m、负载电阻 R_m 和填充因子 FF，将这些实验数据列在同一表格内并进行比较。

五、注意事项

（1）辐射光源的温度较高，应避免与灯罩接触。

（2）辐射光源的供电电压为 220V，应小心触电。

六、思考题

设计一电路，利用两节干电池、一个电压表、一个电阻箱来测量太阳能电池在全黑条件下的伏-安特性曲线。

实验二 元件伏-安特性的测量

一、实验目的

- 学习掌握伏安法测量电阻的基本方法及其误差分析。
- 测量线性电阻和非线性电阻的伏安特性，学会用图线表示实验结果。
- 了解二极管的单向导通性能。

二、实验仪器

包含 0～20V 可调直流稳压电源的电阻元件伏-安特性实验仪、直流数字毫安表、直流数字电压表、可调变阻器、待测金属膜线性电阻、待测小灯泡、待测稳压管、限流电阻等。

三、实验原理

1. 用伏安法测电阻值

作为导体材料的重要特性之一，电阻的值在电学实验中经常需要进行测量。测量电阻的方法有很多种，其中，伏安法是常用的一种基本方法。其方法是：测出电阻两端的电压V和其上通过的电流I，利用欧姆定律$R=V/I$求得电阻值R。也可利用图示法作出伏-安特性曲线，从曲线上求得电阻的阻值。某些电阻的伏-安特性曲线为直线，称为线性电阻，如常用的碳膜电阻、线绕电阻、金属膜电阻等。另外，还有一些电阻的伏-安特性曲线为曲线，称为非线性电阻，如二极管、稳压管、热敏电阻等。非线性电阻元件的阻值不是确定值，只有通过图示法才能反映它的特性。

利用伏安法测电阻具有原理简单、测量方便的优点。伏安法测电阻分为电流表内接和电流表外接两种方法。电流表内接法（简称内接法）如图 3-4 所示，其中电压表（伏特表）测出的电压值V包括了电流表（毫安表）两端的电压，因此测量值R要大于被测电阻的实际值，即

$$R=\frac{V}{I_x}=\frac{V_x+V_{\mathrm{mA}}}{I_x}=R_x+R_{\mathrm{mA}}=R_x(1+\frac{R_{\mathrm{mA}}}{R_x})$$

可知，由于电流表内阻R_{mA}不可忽略，将产生一定的误差。

电流表外接法（简称外接法）如图 3-5 所示，在外接法中，由于电流表测出的电流I包含流过电压表的电流，因此，测量值R要小于实际值，即

$$R=\frac{V}{I_x}=\frac{V_x}{I_x+I_{\mathrm{V}}}=\frac{1}{\dfrac{1}{R_x}+\dfrac{1}{R_{\mathrm{V}}}}=\frac{R_x}{(1+\dfrac{R_x}{R_{\mathrm{V}}})}$$

由于电压表内阻R_{V}不是无穷大，将给测量带来一定的误差。

上述两种电路连接的方法，都会给测量带来一定的系统误差，即$\Delta R_x=R_x-R$，其中R_x为实际值，R为测量值。因此必须对测量结果进行一定修正。

为了减小误差，应当根据待测阻值的大小及电表内阻的不同，选择正确的测量电路。

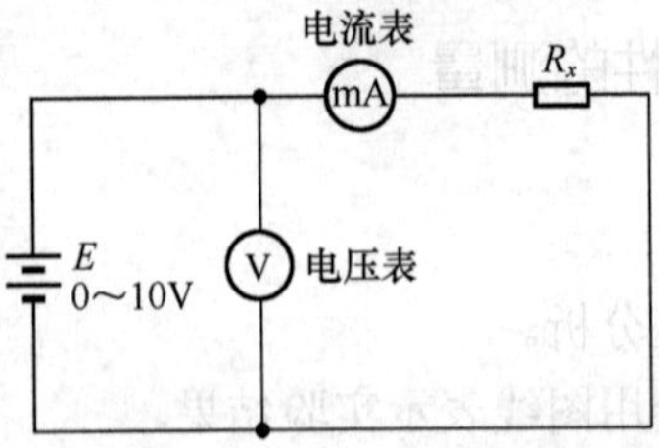

图 3-4 电流表内接

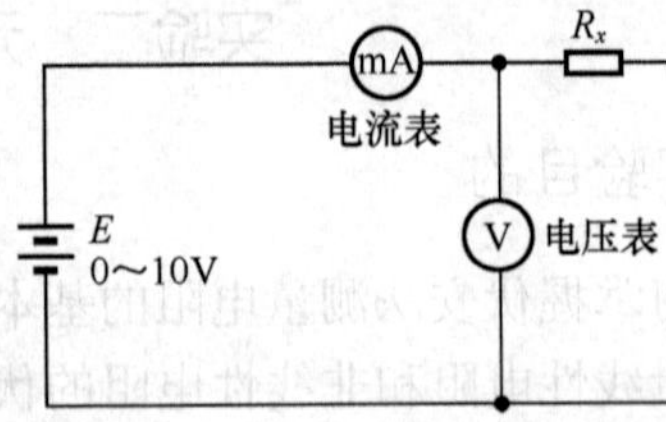

图 3-5 电流表外接

（1）$R_x >> R_{mA}$，且 $R_x > R_V$ 时，选择电流表内接法。

（2）$R_x > R_{mA}$，且 $R_x << R_V$ 时，选择电流表外接法。

（3）$R_x >> R_{mA}$，且 $R_x << R_V$ 时，两种接法均可。

通过以上处理，可以减小或消除由于电表接入而带来的系统误差。然而电表本身的仪器误差仍然存在，从第 1 章内容可知，仪器误差决定于电表的精确度等级和量程。这里，相对误差为

$$\frac{\Delta R_x}{R_x}=\frac{\Delta V}{V_x}+\frac{\Delta I}{I_x}$$

式中，ΔI 和 ΔV 为电流表和电压表所允许的最大误差示值。

2．二极管的伏-安特性

二极管具有单向导电特性，其电阻为非线性电阻，可用图 3-6 所示的伏-安特性曲线来描述。

二极管所加正向电压很小时，二极管呈现的电阻值很大、正向电流很小；当电压超过某一数值 U_0 时，二极管电阻变得很小，电流增长很快，U_0 称为死区电压。硅二极管的死区电压约为 0.5V，锗二极管的死区电压约为 0.2V。使用二极管时要注意，电流不能超过最大整流电流，否则二极管容易被损毁。

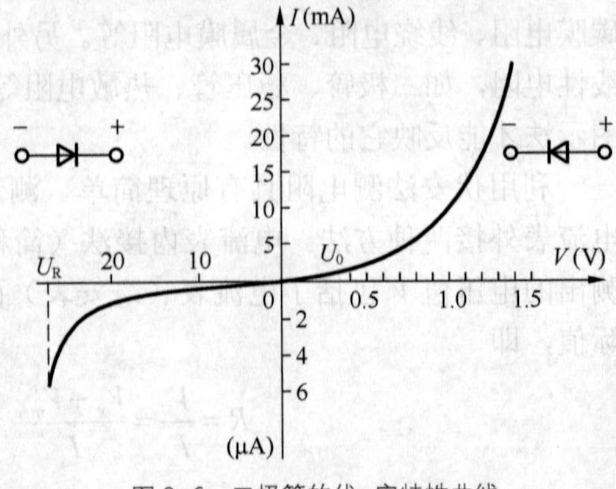

图 3-6 二极管的伏-安特性曲线

二极管加反向电压时，电阻很大；并且反向电压达到一定范围时，反向电流的值几乎不变。当反向电压增加到一定数值 U_R 后，反向电流突然增大，对应电流突变这一点的电压 U_R 称为二极管的反向击穿电压。使用二极管时，所加反向电压不得超过反向击穿电压的值。

四、实验内容

1．测定金属膜电阻的伏安特性

（1）根据图 3-4 所示将电路连接好，每改变一次电压 V，读出相应的电流 I 值，并填入表 3-1 中，作金属膜电阻 R_x 的伏-安特性曲线，并从曲线上求得电阻值。

表 3-1 记录电压、电流值

电压（V）								
电流（mA）								

（2）根据图 3-5 所示连接好电路，仍用测量步骤（1）中的金属膜电阻 R_x ，每改变一次电流值 I ，读出并记录相应的电压 V 。作出其伏–安特性曲线，并从曲线上求得电阻值。

（3）根据电表内阻的大小，分析并比较上述两种测量方法中系统误差的大小。

2．测量二极管的伏–安特性

（1）按图 3-7 所示接好线路。图中，R 为保护二极管的限流电阻，电压表的量程为 2V，电流表的量程取 200mA。接通电源，缓慢地增加电压，电流变化大的地方，电压间隔应取密一点，记下每次电压表和电流表的示值，测 10 组数据，最后断开电源。

（2）按图 3-8 所示连接电路。测量二极管反向特性曲线，将毫安表换成微安表，电压表量程换为 20V，接上电源后，逐步改变电压，一直到略小于反向击穿电压为止，记下每次的电压表和电流表的示值，取 10 组数据。

（3）确认数据无错误及遗漏后，断开电源并拆卸线路。

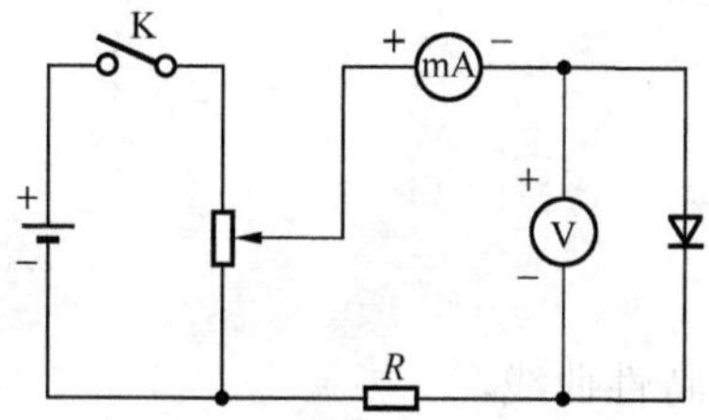

图 3-7 测二极管正向伏–安特性的电路

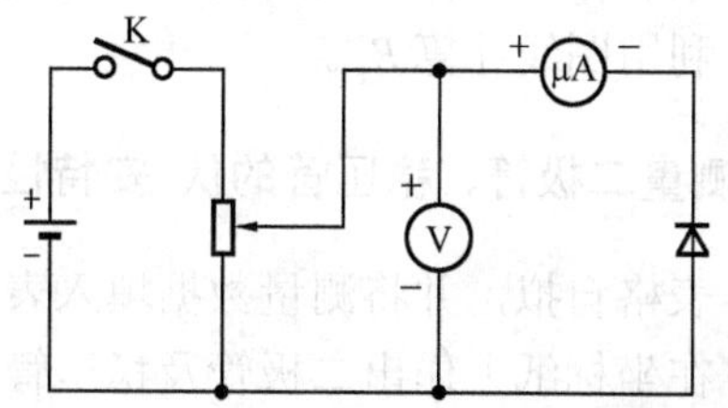

图 3-8 测二极管反向伏–安特性的电路

3．测量稳压管的伏–安特性

（1）稳压管的稳压特性。

稳压管的实质为一个面结型硅二极管，具有陡峭的反向击穿特性，工作在反向击穿状态。在稳压管电路中串联限流电阻，使稳压管击穿后的电流不超过允许值，从而保证击穿状态可以长期持续，使之很好地重复工作而不致损坏。

当反向电压增加到击穿电压后，稳压管进入击穿状态。虽然反向电流在很大的范围内变化，但其两端的电压 V_x 变化很小，即保持 V_x 基本恒定。利用稳压管的这一特性，可以达到稳压的目的。

（2）测定稳压管的正向特性。

稳压管正接。

按外接法设计并连接电路，限流电阻 R 的阻值调到最大。

测定稳压管的正向特性曲线。此时电压的测量值不应等间隔，而应该是：在电流变化缓慢区间内，电压间隔取得稀疏一些；在电流变化迅速区间内，电压间隔取得密集一些。

（3）测定稳压管的反向特性。

将稳压管反接。

定性观测被测稳压管的反向特性。通过观测确定测试反向特性时电压的调节范围（即该型号稳压管的最大工作电流 $I_{\max}$ 所对应的电压值）。

测试稳压管反向特性。同样，在电流变化迅速的区域，电压间隔取得密集一些。

4．测量小灯泡的伏-安特性

给定一只12V/0.1A 的小灯炮，并使 $U=12\text{V}$，$I=100\text{mA}$，起始电流为 20mA，毫安表内阻为1Ω，电压表内阻为100kΩ。请

（1）自行设计测试小灯泡伏-安特性的线路。

（2）测试小灯泡的伏-安特性曲线。

（3）判定小灯泡是线性元件还是非线性元件。

五、实验数据处理

1．测金属膜电阻的伏-安特性曲线

（1）表格自拟，并将测量数据填入表格内。

（2）在坐标纸上作出金属膜电阻的伏-安特性曲线。

（3）利用图线计算 R_x。

2．测量二极管、稳压管的伏-安特性曲线

（1）表格自拟，并将测量数据填入表格内。

（2）在坐标纸上作出二极管及稳压管的正、反向特性曲线。

六、注意事项

（1）使用电源时要防止短路，接通和断开电路前应先使输出为零，然后再慢慢微调。

（2）测定金属膜电阻伏-安特性时，所加电压不得使电阻超过额定输出功率。

（3）测二极管正向特性时，毫安表读数不得超过二极管允许通过的最大正向电流值。

（4）测二极管反向伏-安特性时，加在二极管上的电压不得超过二极管允许的最大反向电压。

（5）测定稳压管伏-安特性曲线时，控制电路电流不超过其最大稳定电流 $I_{\max}$。

七、思考题

（1）为什么测二极管正向特性和测反向特性的电路不一样？

（2）用图示法求电阻有什么优点？

（3）金属膜电阻和二极管的伏-安特性曲线各具有什么特性？

实验三　电表的改装与校准

一、实验目的

- 学习将微安表改装成较大量程电流表和电压表的原理和方法。
- 学会校正电流表和电压表的方法。
- 了解欧姆计的测量原理和方法。

二、实验仪器

直流稳压电源、滑线变阻器、电阻器、微安表、电流表、电压表等。

三、实验原理

1. 微安表改装为电流表

习惯上将被改装的电流计（微安表）称为“表头”，使表针偏转到满偏刻度所需要的电流 I_g 称为表头的量程，I_g 越小，表头的灵敏度就越高。表头内线圈的电阻 R_g 称为表头的内阻。表头能够测量的电流值是很小的，要使其能够测量较大电流，就必须扩大它的量程。扩大量程的方法是在表头上并联一个分流电阻 R_s。这样就使被测电流大部分从分流电阻流过，而表头仍保持原来允许通过的最大电流 I_g。

设表头改装后的量程为 I，根据欧姆定律得

$$(I-I_g)R_s=I_gR_g$$

$$R_s=\frac{I_g}{I-I_g}R_g$$

若 $I=nI_g$，则

$$R_s=R_g/(n-1) \tag{3-7}$$

可见，若要将微安表的量程扩大 n 倍，只需在该表头上并联一个电阻值为 $R_g/(n-1)$的分流电阻。在表头上并联不同阻值的分流电阻，便可制成不同量程的电流表。

用电流表测量电流值时，电流表应串联于被测电路中。为了减小因电流表接入电路对原电路中电流的大小的影响，要求电流表应具有内阻较小的特点。

2. 微安表改装为电压表

微安表可用来测量低电压。为了能测量较高的电压，可在微安表上串联一个附加的分压电阻 R_H。这样，使得被测电压大部分落在串联的 R_H 上，而落在微安表上的电压很小，仍保持其原来的量值 I_gR_g。设微安表的量程为 I_g、内阻为 R_g，欲改成的电压表的量程为 V，由欧姆定律

$$I_g(R_g+R_H)=V$$

得

$$R_H = \frac{V}{I_g} - R_g \tag{3-8}$$

可见，只需在表头上串联一个阻值为 $\frac{V}{I_g} - R_g$ 的分压电阻，即可将量程为 I_g 的微安表改成量程为 V 的电压表。

按式（3-8）算出不同的分压电阻，可制成多量程电压表。用电压表测电压时，电压表总是并联于被测电路中。为了减小因电压表并联而对电路中工作状况的影响，要求电压表应该具有较高的内阻。

四、实验内容

1．测定电流计 G 的量程 I_g 及内阻 R_g

设计测量电路并测量电流计的内阻 R_g，测量方法可为多种，这里简单介绍以下 3 种。

（1）替代法：如图 3-9 所示，被测电流计接于电路中时，用十进制电阻箱来替代它，而且改变电阻值，当电路中的电压不变时，电路中的电流亦保持不变，此时电阻箱的电阻值即为被测改装电流计内阻。

（2）中值法：被测电流计接于电路中时，使电流计满偏，再将十进制电阻箱与电流计并联作为分流电阻，改变电阻值，从而改变分流程度，当电流计指针指到中间值且总电流强度保持不变时，分电阻值即为电流计内阻。

（3）伏安法：选择内接法或外接法测量电流计的内阻。

2．改装电流计为 5mA 和 10mA 的电流表

（1）根据实验室给定的表头（微安表）量程 I_g 和内阻 R_g，以及要改装成的电流表量程 I，利用式（3-7）计算出所需并联的分流电阻 R_s 的阻值。

（2）从实验仪器的分流电阻中，选出适合的 R_s 并与表头并联组成电流表，将改装的电流表（毫安表）和标准电流表按图 3-10 所示线路接好。

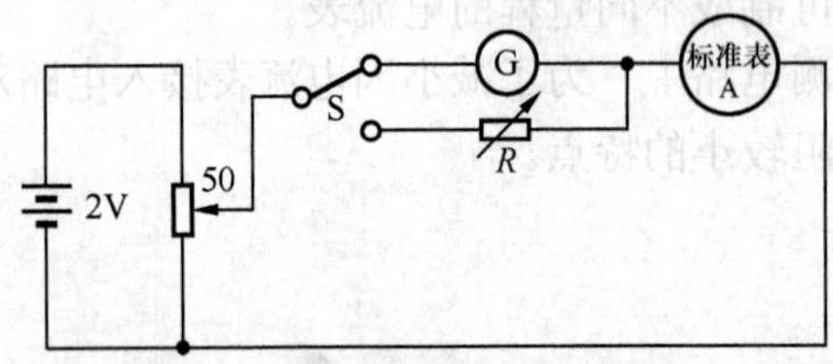

图 3-9　替代法测量电表内阻

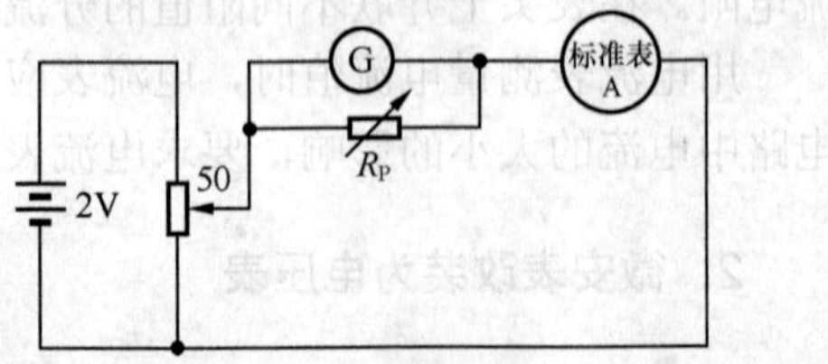

图 3-10　改装电流表的校准

（3）检查线路后接通电源，调节电路中的电流的大小，使改装表读数从零增加到满刻度，然后再减小到零，同时记下改装表和标准表的相应电流读数，填入自拟的表格中。

（4）以改装表的读数为横坐标，改装表和标准表读数的差值的绝对值为纵坐标，在坐标纸上作出电流表的校正曲线。

（5）计算改装表的级别 K_1。

3. 改装电流计为 1V 和 1.5V 的电压表

（1）根据表头的量程 I_g 和内阻 R_g，以及需要改装成的电压表量程 V，利用式（3-8）计算出串联电阻 R_H 的阻值。

（2）从实验仪器的多值电阻中选出符合计算值 R_H 的电阻，将它与表头串联组成电压表，将改装的电压表与标准电压表按图 3-11 所示线路接好。

（3）接上电源后调节滑线变阻器的滑动头，使电压读数从零调到满刻度，然后再减小到零，同时记下改装表和标准表相应的电压读数，填入自拟的表格。

（4）以改装表的读数为横坐标，改装表和标准表读数的差值的绝对值为纵坐标，在坐标纸上作出电压表的校正曲线。

（5）计算改装表的级别 K_2。

4. 改装电流计为欧姆计

串联式欧姆计的原理图如图 3-12 所示，其中 E 为电源电动势，R_g 为表头内阻，I_g 为满刻度电流，R 和 R_w 为限流电阻，R_x 为待测电阻。由欧姆定律可知，电路中的电流为

$$I_x = \frac{E}{R_x + R_g + R + R_w} \tag{3-9}$$

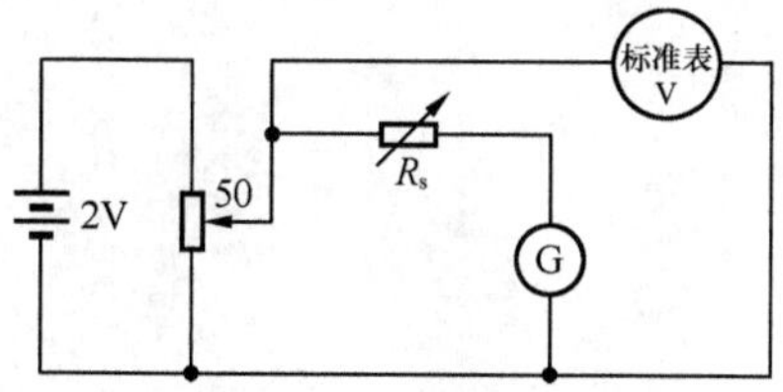

图 3-11　改装电压表校准

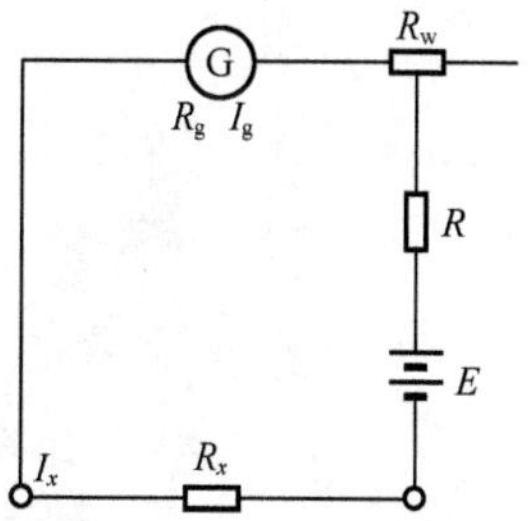

图 3-12　串接式欧姆计

对于已给定的欧姆计（E、R_g、R、R_w 已给定），I_x 仅由 R_x 决定，即 I_x 与 R_x 之间有一一对应的函数关系。在表头刻度上，将 I_x 表示成 R_x，即改装成欧姆计。当 R_x 为无穷大时，$I_x = 0$；当 R_x=0 时，回路中电流最大，$I_x = I_g = \dfrac{E}{R_g + R + R_w}$。

可知：

（1）$R_x = R_g + R_w + R$ 时，$I_x = \dfrac{E}{2I_g}$，指针正好位于满刻度的一半，即欧姆计标尺的中心电阻值，它等于欧姆计的总内阻，此为欧姆中心的意义。于是可将式（3-9）改写成

$$I_x = \frac{E}{R_x + R_中} \tag{3-10}$$

（2）改变中心电阻 $R_中$ 的值，即可改变电阻挡的量程。注意，对于大阻值测量应相应提高电源 E 的电压。

（3）I_g 与（$R_中+R_x$）之间为非线性关系：

$R_x << R_中$ 时，有 $I_x \approx E/R_中=I_g$，此时偏转接近满刻度，随 R 变化不明显，测量误差大；

$R_x >> R_中$ 时，有 $I_x \approx 0$，此时测量误差也大。因此，在实际测量时，只有选择合适的范围，测量才比较准确。

（4）由于在实际过程中电源多采用干电池，电源电动势在使用过程会发生变化，因此可用 R_w 来调零。

五、注意事项

（1）接通电源前，应检查滑线变阻器的滑键是否在安全位置。

（2）调节十进制电阻箱时，防止电阻值从大到小的突然变化。

（3）记录时注意有效数字位数。

六、思考题

（1）校正电流表时，如果发现改装表的读数相对标准表的读数都偏高，要达到标准表的数值，此时改装表的分流电阻应调大还是调小？为什么？

（2）校正电压表时，如果发现改装表的读数相对标准表的读数都偏低，要达到标准表的数值，此时改装表的分压电阻应调大还是调小？为什么？

实验四 霍尔效应及其应用

一、实验目的

- 了解霍尔效应实验原理以及有关霍尔器件的相关知识。
- 学习用“对称测量法”消除副效应的影响，测量试样的$U_H - I_S$和$U_H - I_M$曲线。
- 确定试样的导电类型、载流子浓度以及迁移率。

二、实验仪器

TH-H 型霍尔效应实验组合仪。

三、实验原理

置于磁场中的载流体，如果电流方向与磁场方向垂直，则在垂直于电流和磁场的方向会产生一附加的横向电场，这个现象被称为霍尔效应。如今，霍尔效应不但是测定半导体材料电学参数的主要手段，而且利用该效应制成的霍尔器件已广泛用于非电量测量、自动控制和信息处理等方面。在工业生产要求自动检测和控制的今天，作为敏感元件之一的霍尔器件，将有更广阔的应用前景。了解这一富有实用性的实验，对日后的工作将有益处。

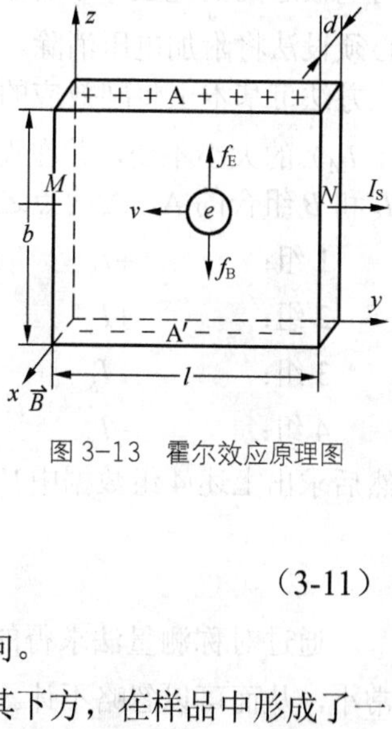

图 3-13 霍尔效应原理图

1. 霍尔效应法测磁场的原理

如图 3-13 所示，一长为l、宽为b、厚为d的矩形 N 型半导体薄片(载流子是电子)，沿y轴方向加上一恒定工作电流I_S，沿x轴方向加上恒定磁场$\vec{B}$时，洛伦兹力$\vec{f}_B$为

$$\vec{f}_B = -e\vec{v} \times \vec{B} \tag{3-11}$$

式中，e为电子的电量；$\vec{v}$为电子运动的速度；$\vec{f}_B$沿z轴的负方向。

在洛伦兹力的作用下，半导体中的电子向下偏移，并聚积于其下方，在样品中形成了一个上正下负的霍尔电场E_H，根据场强与电势的关系，有$E_H = U_H / b$，于是 A、A′面间的霍尔电势差U_H为

$$U_H = \frac{I_S B}{end} = R_H \frac{I_S B}{d} \tag{3-12}$$

式中，$R_H = \frac{1}{ne}$称为霍尔系数，它是反映霍尔效应强弱的重要参数，单位是cm^3/C。实际应用中，式（3-12）常写为

$$U_H = K_H I_S B \tag{3-13}$$

式中，I_S为霍尔元件的工作电流，单位为 mA，B为垂直半导体薄片的中磁场的磁感应强度，

单位为 T 或 Gs（$1T=10^4Gs$），$K_H=R_H/d$ 称为霍尔元件的灵敏度，单位为 mV/（mAT）或 mV/（mAkGs）。

若 K_H 已知，在实验中只要测出样品的工作电流 I_S 和霍尔电压 V_H，利用式（3-13）便可测出磁感应强度 B 的大小，即 $B=U_H/I_SK_H$。根据 R_H 可进一步确定下列参数。

（1）由 R_H 的符号（或霍尔电压的正、负）判断样品导电类型。

方法为按图 3-15 所示的 I_S 和 B 的方向，若测得的 $U_H=V_{AA'}>0$（即 A′ 的电势低于点 A 的电势），则 R_H 为负，样品属 N 型半导体；反之则为 P 型半导体。

（2）由 R_H 求载流子浓度 n。

用公式 $n=1/R_H$。$n=1/R_H$ 是假定所有的载流子都具有相同的漂移速度而得到的，但从半导体物理知识出发，严格意义上讲，考虑载流子的速度统计分布，需引入 $3\pi/8$ 的修正因子。

2．霍尔电压 V_H 的测量

在产生霍尔效应的同时，会伴随着多种副效应。这些副作用的存在，使实验测得的 A、A′ 两电极之间的电压并不等于真实的 U_H 值，而是包含着各种副效应引起的附加电压。因此，必须设法将附加电压消除。根据副效应产生的机理，可采用电流和磁场换向的对称测量法，此方法可基本上将副效应的影响从测量结果中消除，具体的做法是：保持 I_S 和 $\overline{B}$（即励磁电流 I_M）的大小不变，并在设定电流和磁场的正、负方向后，依次测量由下列 4 组不同方向的 I_S 和 B 组合的 A、A'两点之间的电压 V_1、V_2、V_3 和 V_4，即

1 组：	$+I_S$	$+\overline{B}$	V_1
2 组：	$+I_S$	$-\overline{B}$	V_2
3 组：	$-I_S$	$-\overline{B}$	V_3
4 组：	$-I_S$	$+\overline{B}$	V_4

然后求出上述 4 组数据中 V_1、V_2、V_3 和 V_4 的代数平均值，可得

$$U_H=\frac{V_1-V_2+V_3-V_4}{4}$$

通过对称测量法求得的 U_H 中，虽然还存在个别无法消除的副效应，但其引入的误差非常小，从而可以忽略不计。

3．测量电导率 σ　求载流子的迁移率 μ

可以利用图 3-14 所示的 A、C（或 A′、C′）电极测量电导率 σ。设 A、C 间的距离为 l，样品的横截面积为 $S=bd$，流经样品的电流为 I_S，在零磁场下，若测得 A、C（A′、C′）间的电势差为 V_0，可求得

$$\sigma=\frac{I_S l}{V_0 S}$$

电导率 σ 与载流子浓度 n 以及迁移率 μ 之间有如下关系

$$\sigma=ne\mu$$

即 $\mu=|R_H\sigma|$，通过实验测出 σ 的值即可求出载流子的迁移率 μ。

四、实验装置简介

本实验中采用的是 TH—H 型霍尔效应组台实验系统，该系统由实验仪和测试仪两大部分组成。

1. 实验仪

图 3-14 所示为实验仪示意图，其主要组成部分如下。

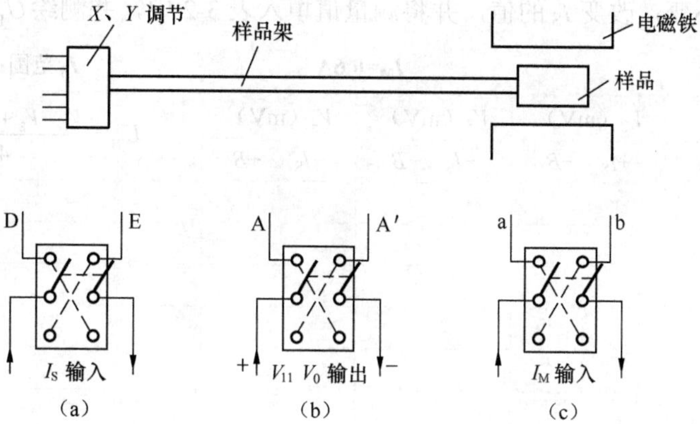

图 3-14　霍尔效应实验仪示意图

（1）电磁铁：电磁铁的规格为>3.00KGs/A，操作者面对实验仪时，漆包线绕向为顺时针。根据漆包线绕向及励磁电流 I_M 的流向，可确定磁感应强度 $\bar{B}$ 的方向，而 $\bar{B}$ 的大小与 I_M 的关系标明在漆包线上。

（2）样品和样品架：样品材料一般为 N 型半导体单晶硅片，其厚度为 $d = 0.5\text{mm}$，宽度为 $b = 4.0\text{mm}$，电极 A、C 的间距 $l = 3.0\text{mm}$。样品共有电极 3 对（见图 3-14（c）），其中 A、A′或 C、C′用于测量霍尔电压 U_H，A、C 或 A′、C′用于测量电导率 σ；D、E 为样品工作电流电极。电极与双刀换接开关的连接方法见实验仪上说明书。

（3）I_S 和 I_M 换向开关及 U_H、V_0 切换开关如图 3-16 中下图所示。I_S 及 I_M 换向开关扳向上方时，I_S 及 I_M 的值均为正，反之为负。“U_H、V_0”切换开关扳向上方时测 U_H 的值，扳向下方时测 V_0 的值。

2. 测试仪

（1）“I_S 输出”挡为 0～10mA 样品工作电流源，“I_M 输出”挡为 0～1A 励磁电流源，两组电流源彼此独立，两种输出电流大小通过 I_S 调节旋钮及 I_M 调节旋钮进行调节，二者连续可调。其值可通过“测量选择”按键由同一只数字电流表进行测量，将按键按下测 I_M，弹起测 I_S。

（2）通过功能切换开关，U_H 和 V_0 的值由同一只数字电压表进行测量；电压表零位可通过零电势器进行调整。当显示器的数字前出现“−”号时，表示被测电压为负值，即与正方向相反。

五、实验内容

首先应对测试仪进行调零。方法是：将测试仪的“I_S调节”和“I_M调节”旋钮均置于零位，开机数分钟后，若U_H显示不为零，可通过面板左下方小孔的“调零”钮实现调零，此时显示为“0.00”。

1．测绘 $V_H - I_S$ 曲线

将实验仪的“U_H、V_0”切换开关投向U_H侧，同时将测试仪的“功能切换”置U_H。保持$I_M = 0.6A$的值不变，改变I_S的值，并将测量值填入表3-2中，并测绘$U_H - I_S$曲线。

表3-2　　I_M=0.6A　　I_S范围：1.00～4.00mA

I_S（mA）	V_1（mV）	V_2（mV）	V_3（mV）	V_4（mV）	$U_H = \frac{V_1 - V_2 + V_3 - V_4}{4}$（mV）
	$+I_S$　$+B$	$+I_S$　$-B$	$-I_S$　$-B$	$-I_S$　$+B$	
1.00					
1.50					
2.00					
2.50					
3.00					
3.50					
4.00					

2．测绘 $U_H - I_M$ 曲线

实验仪及测试仪各开关位置同上。保持$I_S = 3.00mA$不变，改变I_M的值，并将测量值填入表3-3中，并测绘$U_H - I_M$曲线。

表3-3　　I_S=3.00mA　　I_M范围：0.300～0.800A

I_M（A）	V_1（mV）	V_2（mV）	V_3（mV）	V_4（mV）	$U_H = \frac{V_1 - V_2 + V_3 - V_4}{4}$（mV）
	$+I_S$　$+B$	$+I_S$　$-B$	$-I_S$　$-B$	$-I_S$　$+B$	
0.300					
0.400					
0.500					
0.600					
0.700					
0.800					

3．测量 V_0 值

将“U_H、V_0”切换开关投向V_0侧，并同时将“功能切换”键置V_0，在零磁场下，取$I_S = 2.00mA$，测量V_0的值。

4．确定样品的导电类型

将实验仪的3组双刀开关均投向上方，即此时保持I_S沿Y方向，$\overline{B}$沿X方向，用毫伏表

测量电压为$V_{AA'}$。取$I_S = 2.00mA$，$I_M = 0.6A$，测量U_H的大小及正负，并判断样品导电类型。

5．求样品R_H、n、σ和μ的值

六、注意事项

（1）仪器开机或关机前应先将I_S、I_M调节旋钮逆时针方向旋到底，使其输出电流尽可能为最小，然后再开机或切断电源。

（2）仪器接通电源后，预热数分钟即可进行实验。

（3）查看V_0时，I_S不宜过大，以免数字电表超量程。通常情况下，I_S为2mA。

七、思考题

（1）列出计算霍尔系数R_H、载流子浓度n、电导率σ及迁移率μ的计算公式，并注明单位。

（2）若已知霍尔元件样品的工作电流I_S及磁感应强度$\overline{B}$的方向，如何判断样品的导电类型。

实验五 集成霍尔传感器测螺线管磁场

一、实验目的

- 熟悉集成霍尔传感器的特性和应用。
- 掌握用集成霍尔元件测量磁感应强度的原理和方法。
- 测量通电螺线管内的磁感应强度与位置刻度之间的关系，作出磁感应强度与位置的关系图曲线。

二、实验仪器

如图 3-15 所示，实验仪由带有集成霍尔传感器探测棒的螺线管、量程 0～500mA 的直流稳流电源、直流稳压电源（输出为两挡：4.8～5.2V 及 2.4～2.6V）、数字电压表（测量范围为两挡：0～20V 及 0～20mV）、单刀换向开关 S_1、双刀换向开关 S_2 以及导线若干等组成。

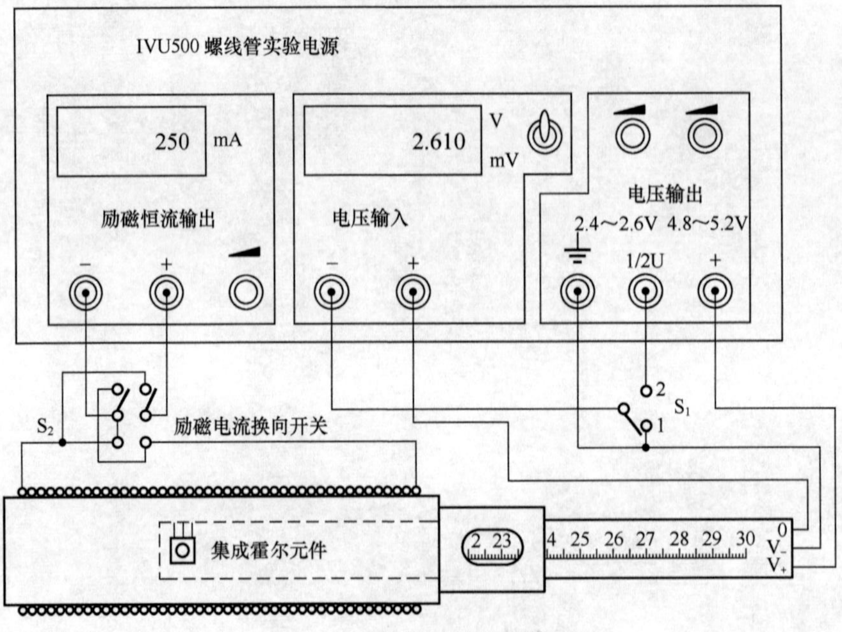

图 3-15 螺线管磁场测定仪器图

三、实验原理

置于磁场中的载流体，若电流方向与磁场方向垂直，则在垂直于电流和磁场的方向会产生一个附加的横向电场，这个现象是霍尔于 1879 年发现的，后被称为霍尔效应。

随着科学技术的发展，由电子高迁移率的半导体制成的霍尔传感器已被广泛应用于磁场测量，它具有测量灵敏度高，体积小，易于在磁场中移动和定位的优势。本实验所采用的 SS95A 型集成霍尔传感器，通过测量通电螺线管内直流电流与霍尔传感器输出电压之间关系，证明霍尔电势差与螺线管内磁感应强度成正比；用通电长直螺线管中心点磁感应强度理论计算值作为标准值来校准集成霍尔传感器的灵敏度。

霍尔传感器是利用霍尔效应而制成的传感器。如图 3-16 所示为霍尔效应的示意图：电流 I 通过厚度为 d 的半导体薄片，且磁场 $\vec{B}$ 的方向与该半导体垂直，则电子流方向由于洛伦兹力的作用而发生改变，在薄片的两个横向面 a、b 之间产生电势差，这个电势差称为霍尔电势差，通常用 U_H 表示，其数学表示式为

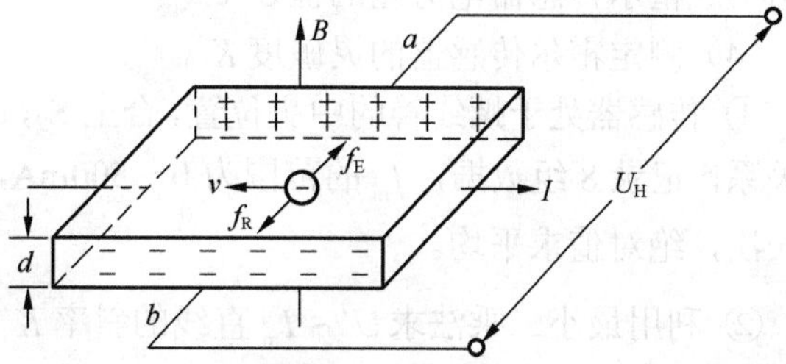

图 3-16 霍尔效应

$$U_H = \left(\frac{R_H}{d}\right) IB = K_H IB \tag{3-14}$$

式中，R_H 为由半导体本身电子迁移率决定的常量，称为霍尔系数。B 为横向磁场磁感应强度的大小，I 为流过霍尔元件的电流强度，K_H 称作霍尔元件灵敏度。

从理论上来说，在无磁场作用（即 $B=0$）时，霍尔元件的霍尔电势差 $U_H=0$。然而实际情况中，用数字电压表测量时却并不为零。这是因为半导体材料结晶不均匀、各电极不对称等引起的附加电势差造成的，该电势差 U_0 称为剩余电压。

随着科技的发展，新的集成化霍尔元件不断被研制出来。本实验的集成霍尔传感器由霍尔元件、放大器和薄膜电阻剩余电压补偿器组成。具有测量时输出信号大，并且剩余电压的影响基本被消除的优点。

一般的霍尔元件有 4 根引线，两根为“电流输入端”，连接在可调的电源回路内，另两根为“电压输出端”，连接在数字电压表上。SS95A 型集成霍尔传感器只有 3 根引线，分别是“V_+”、“V_-”、“0”。其中“V_+”和“V_-”构成“电压输入端”，“0”和“V_-”构成“电压输出端”。SS95A 型集成霍尔传感器的工作电流已设定，称为标准工作电流。使用传感器时，必须使之处于该标准状态。实验时，只要在磁感应强度为零（即零磁场）的条件下，调节“V_+”、“V_-”所接的电源电压，使输出电压为 2.500V，传感器即处在标准工作状态下。

当螺线管内有磁场，且集成霍尔传感器处于标准工作电流时，B 与输出电压 U 的关系为

$$B = \frac{(U-2.500)}{K} = \frac{U'}{K} \tag{3-15}$$

式中，U 为集成霍尔传感器的输出电压（单位为“V”），K 为该传感器的灵敏度（单位为“V/T”），U' 为用 2.500V 外接电压补偿以后，由数字电压表测出的传感器输出电压值。

四、实验内容

（1）实验装置按图 3-15 所示线路连接好，并使两开关 S_1、S_2 均处于断开状态。

（2）在集成霍尔传感器处于零磁场的条件下，将开关 S_1 扳向“1”方向，调节电源“4.8～5.2V”的电压输出，使数字电压表上显示的“0”和“V_-”的电压指示值为 2.500V，这时集成霍尔元件便处于标准工作状态，即霍尔传感器的霍尔元件通过电流达到规定的数值。

（3）保持“V_+”和“V_-”电压不变的情况下，将开关 S_1 扳向“2”方向，调节电源“2.4～2.6V”的电压输出，数字电压表指示值为 0（此时应将数字电压表量程开关指向“mV”挡），即用一个外接 2.500V 的电压与传感器输出 2.500V 电压进行补偿，这样可直接用数字电压表

读出集成霍尔传感器电势差的值U'。

（4）测定霍尔传感器的灵敏度K。

① 传感器处于螺线管的中央位置，合上S_2，改变输入螺线管的直流电流I_m，测量$U' \sim I_m$的关系，记录8组数据，I_m的范围为0～500mA，可每隔50mA测量一次。改变S_2的方向各测一次，绝对值求平均。

② 利用最小二乘法求$U' \sim I_m$直线的斜率$K'=\dfrac{\Delta U'}{\Delta I_m}$及相关系数$r$。

③ 利用长直螺线管磁场的理论公式计算磁感应强度B的大小，从而求出霍尔传感器的灵敏度K，有

$$K=\frac{\Delta U'}{\Delta B}$$

注意：由于实验中所用螺线管参数不是无限长，因此需用公式$B=\mu_0\dfrac{N}{\sqrt{L^2+\overline{D}^2}}I_m$进行计算，即

$$K=\frac{\Delta U'}{\Delta B}=\frac{\sqrt{L^2+\overline{D}^2}}{\mu_0 N}\frac{\Delta U'}{\Delta I_m}=\frac{\sqrt{L^2+\overline{D}^2}}{\mu_0 N}K' \text{（单位为“V/T”）}$$

式中，L为螺线管的长度，$\overline{D}$为其平均直径，N是线圈的匝数。

（5）测量通电螺线管中的磁场分布。

① 保持螺线管中电流I_m恒定（例如300mA），变换传感器在螺线管轴线上的位置坐标X，测量$U' \sim X$的关系，并改变S_2的方向各测一次，绝对值求平均。X的范围为0～30cm，两端的测量数据点应比中心位置附近的测量数据点密一些。

② 利用上面测得的传感器灵敏度K，计算$B-X$的关系，并作图表示。

③ 设磁场变化小于1%的区域为均匀区，计算均匀区的磁感应强度平均值$\overline{B_0'}$及均匀区范围（包括位置与长度）并在$B-X$分布图上标出。

④ 一般定义磁感应强度下降为中心位置处磁感应强度的一半处为螺线管的“边界点”，记为P和P'，有$B_P=B_{P'}=\dfrac{1}{2}\overline{B_0'}$。在$B-X$分布图上标出$P$与$P'$点处的位置坐标，量出其之间的距离，并将此距离与螺线管的长度L作比较。

五、注意事项

（1）经常检查$I_m=0$时，传感器输出电压是否为2.500V。

（2）用“mV”挡读U'的值。当$I_m=0$时，检查“mV”挡指示是否为0。

（3）实验完毕后，请逆时针旋转仪器上3个灰色旋钮，使其恢复到起始位置。

六、思考题

（1）什么是霍尔效应？霍尔传感器在科研中有何用途？

（2）若螺线管在绕制中两边单位长度的匝数不相同或绕制不均匀，将出现什么情况？在绘制$B-X$分布图时，如果出现此情况，怎样求P和P'点？

实验六　用惠斯登电桥测电阻

一、实验目的

- 掌握用惠斯登电桥测量电阻的原理和方法。
- 了解桥式电路的特点。
- 学会用自组电桥和箱式电桥测电阻。

二、实验仪器

单臂直流电桥测试仪、检流计、待测电阻、标准电阻、稳压电路。

三、实验原理

用伏安法测电阻值时，除了因电压表和电流表精确度不高带来的误差外，还有电表内阻和电路本身不可避免的系统误差。惠斯登于 1843 年设计了一种不用电压表和电流表的电桥电路来测量电阻的值，它依靠将待测电阻与标准电阻相比较，从而确定待测电阻与标准电阻的关系，这种方法称为惠斯登电桥法，装置称为惠斯登电桥。其优点是误差很小，因此能大大提高电阻的测量精度。

图 3-17 所示为惠斯登电桥的原理电路图，其中标准电阻 R_1、R_2、R_s 和待测电阻 R_x 连成一个四边形 abcd，每条边都称为电桥的一个“桥臂”，电源位于对角 ac 之间，在对角线 bd 之间为检流计 G。电桥的“桥”就是指的 bd 这条对角线，其作用是将桥两端的电势直接进行比较。电源接通后，bd 两点的电势一般并不相同，此时检流计中有电流通过，指针必然偏转。测量时若适当调节桥臂电阻值，可使桥上没有电流通过（即 $I_g=0$），从而使检流计指零，此时称为电桥平衡。电桥平衡时，4 个电阻间应有如下关系

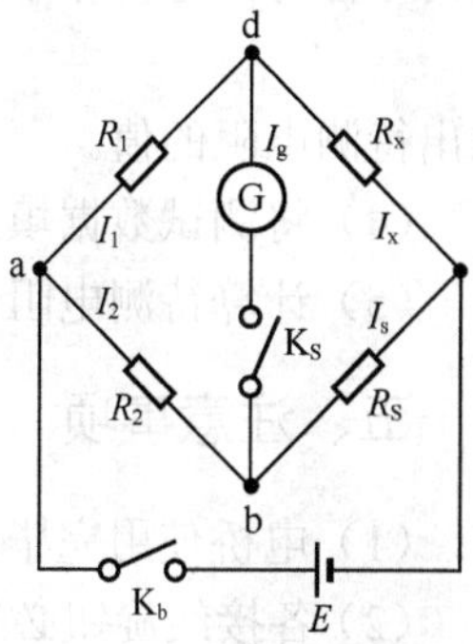

图 3-17　惠斯登电桥原理图

$$\frac{R_1}{R_2}=\frac{R_x}{R_s}$$

即

$$R_x=\frac{R_1}{R_2}R_s=KR_s$$

式中，$K=\dfrac{R_1}{R_2}$ 称为倍率，R_s 称为比较臂。

从上式可知，电桥平衡与否与工作电流的大小无关。我们可以通过以下两种方法来调节使电桥达到平衡：第一种方法是取倍率 K 为某一固定值，调节比较臂 R_s 的值；第二种方法是保持比较臂 R_s 不变，调节倍率 K 的值。目前，第一种方法采用得较多。

四、实验内容

1．用自组的惠斯登电桥测电阻 R_x

（1）按照图 3-17 所示的线路连接好电路。

（2）按照尽量使比较臂的有效数字位数比较多的原则选择合适的倍率。

（3）调节比较臂的大小使检流计指针指零，此时电桥达到平衡。记下此时的 R_1、R_2 以及 R_s 的值。

2．用集成单臂直流电桥测试仪测电阻 R_x

（1）将集成单臂直流电桥测试仪水平放置好后，打开仪器盖，将内、外接指零转换开关扳向“外接”，此时电桥由外接指零仪接入电桥线路；反之，若将开关扳向“内接”时，电桥由内接指零仪接入电桥线路。

（2）选择合适的电源：将内外电源转换开关扳向“内接”，则电源由电桥内附电源（通常为 1 节 9V 层叠电池与两节 1 号电池）提供；扳向“外接”，电源由外接线路提供。通常情况下，若待测电阻小于10kΩ，则可使用内接法进行测量；反之，则用外接法。

（3）接入待测电阻，根据待测电阻的估计值，选择适当的倍率，调节量程倍率开关。将指零仪按钮按下，随后按下电源按钮，观察指零仪的偏转方向，若指针向“+”方向偏转，表示待测电阻大于估计值，则需增加测量盘数值，使指零仪趋向于零位；若指针向“−”方向偏转，表示待测电阻小于估计值，则需减小测量盘数值，使指零仪趋向于零位。当指零仪指向零位时，电桥即平衡，根据公式

$$待测电阻值=量程倍率\times测量盘数值$$

求出待测电阻的值。

（4）将测试数据填入自拟的表格中。

（5）计算待测电阻的测量值并作误差处理。

五、注意事项

（1）电桥使用完毕应关掉电源并松开电源按钮和指零仪。

（2）各接线旋钮必须拧紧，否则接触电阻过大，影响测量的精确度，甚至无法达到平衡。

（3）自组电桥实验时，检流计的按钮不得长时间按下，以免产生热量影响精度。

（4）在测定待测电阻前，应先粗略估计待测电阻的阻值，选择标准电阻 R_0 接近待测电阻的阻值，有利于减小测量误差。

六、思考题

（1）电桥平衡的条件是什么？

（2）电桥平衡时，互换电源与检流计的位置，电桥是否仍然平衡？并说明原因。

（3）用惠斯登电桥测电阻，比较臂应怎样选取才能保证测量有较高的精确度？

实验七 稳恒电流场模拟静电场

一、实验目的

- 加深对电场强度和电势概念的理解。
- 学习用模拟法测绘静电场的原理和方法。

二、实验原理

模拟法是利用与欲探测的物理状态（或过程）具有相同的数学方程和边界条件的另一个便于测量的物理状态（或过程）来求得该物理量的方法。

工程技术上经常需要知道电极系统的电场分布情况，以便研究电子或带电粒子在电场中的运动规律。用实验手段研究电场分布情况，具有直观、便利等优点。但由于测量必须放置能感知的探头，而任何探头的存在都会影响原有电场的分布，因此静电场的直接测量很难实现。用与静电场对应的稳恒电流场的电势来模拟静电场中电势分布，是一个十分便利有效的实验方法。在科研中，这是一种常用的方法，并常作为数值计算的验证方法。

静电场与稳恒电流场为两种不同的场，但是两者之间在一定的条件下具有相似的空间分布，即两种场遵守的规律在形式上相似。因此，它们都可以引入电势U。

静电场的电场强度$\overline{E}$在无源区域内满足如下积分关系

$$\int_s \overline{E}\cdot \mathrm{d}\overline{s}=0$$

$$\int_l \overline{E}\cdot \mathrm{d}\overline{l}=0$$

稳恒电流场的电流密度$\overline{J}$在无源区域内也满足类似的积分关系

$$\int_s \overline{J}\cdot \mathrm{d}\overline{s}=0$$

$$\int_l \overline{J}\cdot \mathrm{d}\overline{l}=0$$

由此可知，$\overline{E}$和$\overline{J}$在各自区域中的数学表达形式是一致的。若稳恒电流场空间均匀地充满了电导率为σ的不良导体，不良导体内的电场强度$\overline{E'}$与电流密度$\overline{J}$之间关系遵循公式

$$\overline{J}=\sigma\,\overline{E'}$$

因此，$\overline{E}$和$\overline{E'}$在各自的区域中也满足同样的数学规律。由电动力学的理论可以严格证明：对于具有相同边界条件的相同方程，其解也相同。因此，我们可用稳恒电流场来模拟静电场。即静电场的电场强度矢量和等势线与稳恒电流场的电流密度矢量和等势线的分布具有相似性。因此，测定了稳恒电流场的电势分布，也就求得了与它相似的静电场的电势分布。

对于同轴长圆柱形电缆的静电场，可利用稳恒电流场与相应的静电场在空间形式上的一致性来进行模拟。只要保证电极形状一定，电极电势不变，空间介质均匀，在任何一个考察点，均有“$U_{稳恒}=U_{静电}$”或“$E_{稳恒}=E_{静电}$”成立。下面，我们以同轴圆柱形电缆的静电场和相应的模拟场（即稳恒电流场），来讨论这种等效性。

如图 3-18（a）所示，真空中有一半径为 r_a 的长圆柱形导体 A 和一个内径为 r_b 的长圆筒形导体 B，A、B 同轴放置，分别带等量异号电荷。由高斯定理可知，在垂直于轴线的任一截面 S 内，电场强度 $\overline{E}$ 平行于 XY 平面，其等势面为一簇同轴圆柱面。因此，只需研究任一横截面上的电场分布即可。

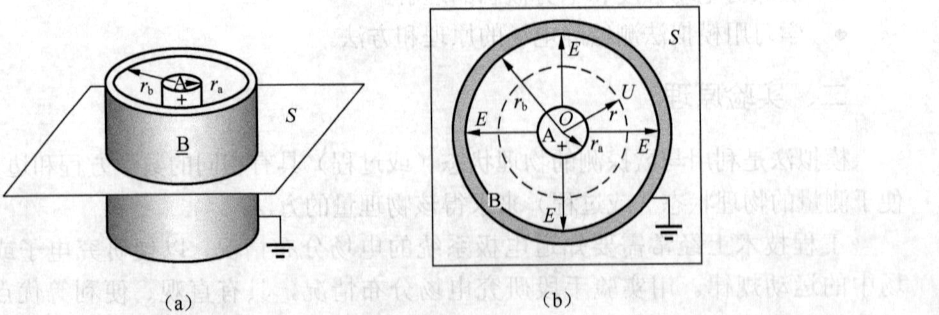

图 3-18　同轴电缆及其静电场分布

距轴心 O 半径为 r 处（如图 3-18（b）所示）的各点电场强度大小为

$$E=\frac{\lambda}{2\pi\varepsilon_0 r}$$

其中，λ 为 A（或 B）的电荷线密度。其电势为

$$U_r=U_a-\int_{r_a}^{r}E\cdot dr=U_a-\frac{\lambda}{2\pi\varepsilon_0}\ln\frac{r}{r_a} \tag{3-16}$$

若 $r=r_b$ 时，$U_b=0$，则有

$$\frac{\lambda}{2\pi\varepsilon_0}=\frac{U_a}{\ln\frac{r_b}{r_a}}$$

代入式（3-16）得

$$U_r=U_a\ln\frac{r_b}{r}\ /\ \ln\frac{r_b}{r_a} \tag{3-17}$$

即距中心为 r 处场强为

$$E_r=-\frac{dU_r}{dr}=\frac{U_a}{\ln\frac{r_b}{r_a}}\cdot\frac{l}{r} \tag{3-18}$$

若上述圆柱形导体 A 与圆柱形导体 B 之间不是真空，而是均匀地充满了电导率为 σ 的不良导体，且 A 和 B 之间分别与直流电源的正、负极相连（见图 3-19），则在 A、B 间将形成径向电流，于是有稳恒电流场存在。可以证明，不良导体中的电场强度 $\overline{E_r'}$ 与原真空中的静电场的电场强度 $\overline{E_r}$ 是相同的。

取厚度为 l 的圆柱形同轴不良导体片作为研究对象，材料的电阻率为 $\rho=1/\sigma$，则从半径为 r 的圆周到半径为 r_b 的圆周之间的不良导体片的电阻为

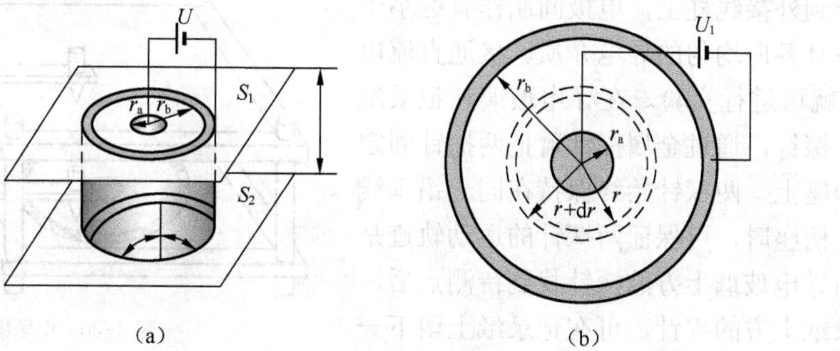

图 3-19 同轴电缆的模拟模型

$$R_{rr_b}=\frac{\rho}{2\pi t}\int_r^{r_b}\frac{\mathrm{d}r}{r}$$

可知，半径$r_a\sim r_b$之间圆柱片的电阻为

$$R_{r_ar_b}=\frac{\rho}{2\pi t}\ln\frac{r_b}{r_a}$$

若 $U_b=0$，则径向电流为

$$I=\frac{U_a}{R_{r_ar_b}}=\frac{2\pi tU_a}{\rho\ln\dfrac{r_b}{r_a}}$$

距中心 r 处的电势为

$$U_r=IR_{rr_b}=U_a\ln\frac{r_b}{r}/\ln\frac{r_b}{r_a} \tag{3-19}$$

于是，稳恒电流场的大小为

$$E'_r=\frac{\mathrm{d}U'_r}{\mathrm{d}r}=\frac{U_a}{\ln\dfrac{r_b}{r_a}}\bullet\frac{1}{r} \tag{3-20}$$

可见，式（3-20）与式（3-18）具有相同的数学表达形式，说明稳恒电流场与静电场的电势分布函数完全相同，柱面之间的电势U_r与$\ln r$均为直线关系，并且，U_r/U_a（即相对电势）都只是坐标的单值函数，与电场电势的值无关。显然，稳恒电流的电场$\overline{E'}$与静电场$\overline{E'}$的分布也是相同的，因为

$$E'=\frac{\mathrm{d}U'_r}{\mathrm{d}r}=\frac{\mathrm{d}U_r}{\mathrm{d}r}=E$$

实际上，只有在σ分布均匀而且几何形状对称、规则的特殊带电体的场分布，才能用理论严格计算，并不是每种带电体的静电场及模拟场的电势分布函数都能计算。上面的例子只是一个特例，用来证明以稳恒电流场模拟静电场的可行性。

三、实验仪器

如图 3-20 所示，电场描绘仪包括导电玻璃、双层固定支架、同步探针、直流稳压电源等。支架采用双层结构，上层放记录纸，下层放导电玻璃。电极已直接制作于导电玻璃上，并将电极引线接到外接线柱上，电极间制作有远小于电极电导率且各向均匀的导电介质。接通直流电源（10V）就可进行实验。在导电玻璃和记录纸上方各有一探针，通过金属探针臂把两探针固定在同一手柄座上，两探针始终保持在同一铅垂线上。移动手柄座时，可保证两探针的运动轨迹是一样的。由导电玻璃上方的探针找到待测点后，按一下记录纸上方的探针，可在记录纸上留下一个对应的标记。移动同步探针在导电玻璃上找出若干电势相同的点，由此即可描绘出等势线。

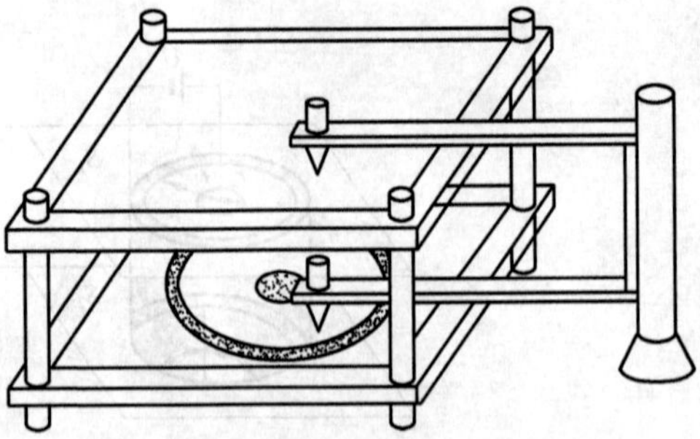

图 3-20 电场描绘仪

四、实验内容

1. 描绘同轴电缆的静电场

（1）按照图 3-19（b）所示模型，将导电玻璃上内、外两电极分别与直流稳压电源的正、负极相连接，电压表正、负极分别与同步探针及电源负极相连接，移动同步探针测绘同轴电缆的等势线簇。要求相邻两电势线间的电势差为 1V，共测出 1～7V 间的等势线，每条等势线由 8 个均匀分布的点测定给出。以每条等势线上各点到原点的平均距离 $\bar{r}$ 为半径，画出等势线的同心圆簇。

（2）根据电场线与等势线正交原理，再画出电场线，并标明电场强度方向，得到一张完整的电场分布图。

（3）根据由式（3-19）导出的圆形等势线半径 r 的表达式为

$$r=\frac{r_b}{\left(\frac{r_b}{r_a}\right)^{\frac{U_r}{U_a}}}$$

讨论 U_r 及 E_r 与 r 的关系，说明电场线的疏或密随 r 值如何变化。

（4）由 r 的表达式计算各等势线圆半径的理论值 r_t，与实验测定的等势线圆半径 r_e 相比较，求误差并分析误差原因。

2. 描绘聚焦电极的电场分布

利用图 3-21 所示模拟模型，测绘阴极射线示波管内聚焦电极间的电场分布。要求相邻等势线间的电势差为 1V，测出 7～9 条等势线。该场为非均匀电场，等势线是一簇互不相交的曲线，每条等势线的测量点应取得密一些。画出电场线，可了解静电透镜聚焦场的分布特点和作用，加深对阴极射线示波管电聚焦原理的理解。

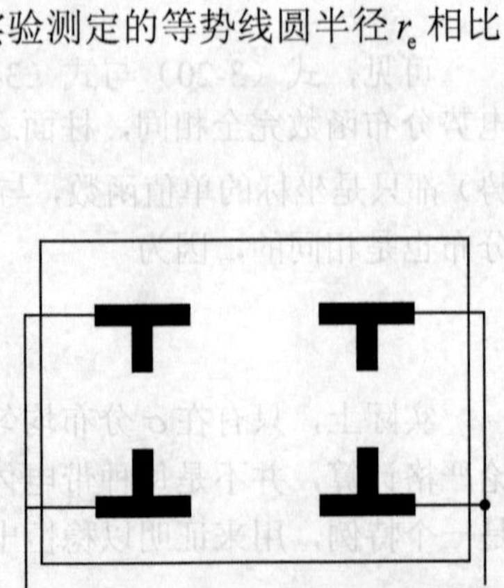

图 3-21 静电透镜聚焦场的模拟模型

五、注意事项

由于导电玻璃边缘处电流只能沿边缘流动，因此，等势线必然与边缘垂直，该处的等势线和电场线会产生严重畸变，此为用有限大的模拟模型去模拟无限大的空间电场时的“边缘效应”。如要减小这种影响，则要使用“无限大”的导电玻璃进行实验，或者人为地将导电玻璃的边缘切割成电场线的形状。

模拟方法的使用需有一定的条件和范围，不能随意推广。否则，将会得到荒谬的结论。

六、思考题

（1）用电流场模拟静电场的理论依据和条件是什么？

（2）等势线与电场线之间有何关系？如果电源电压U_0增加一倍，等势线和电场线的形状是否会发生变化？电场强度和电势分布是否会发生变化？为什么？

（3）根据测绘所得等势线和电场线的分布，分析哪些地方场强较强，哪些地方场强较弱？

（4）在描绘同轴电缆的等势线簇时，如何正确确定圆形等势线簇的圆心，如何正确描绘圆形等势线？

实验八　用双臂电桥测量低值电阻

一、实验目的

- 了解双臂电桥测低值电阻的原理和方法。
- 用双臂电桥测量导体的电阻和电阻率。

二、实验仪器

双臂电桥、卷尺、游标卡尺、待测铜棒。

三、实验原理

1. 双臂电桥的工作原理

通常按照电阻阻值的大小，将其分为 3 类：1Ω 以下的为低值电阻，1Ω～100kΩ的为中值电阻，100kΩ 以上的为高值电阻。测量不同阻值的电阻，因为它们都有自身的特殊问题，所以测量方法不尽相同。例如，惠斯登电桥测量中值电阻时，可以忽略导线本身的电阻和连接点处的接触电阻（总称附加电阻）的影响，但用其测低值电阻时，影响就不能忽略。设附加电阻为 0.001Ω，当待测电阻为 0.01Ω 时，附加电阻对其的影响可达 10%，如果所测电阻在 0.001Ω 以下，就无法得出正确的测量结果。对惠斯登电桥改进而做成的双臂电桥（又称开尔文电桥）可消除附加电阻的影响，适用于阻值范围 $10^{-6}\Omega \sim 10^{2}\Omega$ 电阻的测量。

图 3-22 所示的线路只是将惠斯登电桥实验图中的 R_x 、R_2 互换位置，因此仍是惠斯登电桥电路。在电桥平衡时，有 $R_x = \dfrac{R_1}{R_2} R_s$ 。

如图 3-22 所示，桥式电路有 12 根导线和 A、B、C、D4 个连接点。其中，由 A、C 点到电源和由 B、D 点到检流计的导线电阻和相应的连接点电阻可以当做电源和检流计“内阻”的一部分，对测量结果没有影响；但桥臂的 8 根导线和 4 个连接点的电阻则会影响测量结果。

由于在电桥中，比较臂 R_1 和 R_2 可用阻值较高的电阻，因此，由 A 到 R_1、C 到 R_2 和由 D 到 R_1、D 到 R_2 的导线（即和这两个电阻相连的 4 根导线）的电阻与相应的连接点电阻不会给测量带来多大误差，可以忽略不计。但由于待测电阻 R_x 为低值电阻，比较臂 R_s 也应该用低值电阻。因而，和 R_x ，R_s 相连的导线及连接点的电阻就会影响测量结果。

为了消除上述影响，可采用图 3-23 所示的线路。与图 3-22 相比较，可以看出：为避免由 A 到 R_x 和由 C 到 R_s 导线电阻的影响，将 A 到 R_x 和 C 到 R_s 的连接导线应尽量缩短，为此使 A 点直接与 R_x 相接，C 点直接与 R_s 相接。为了消去 A、C 点的接触电阻对测量结果的影响，将 A 点分为 A_1、A_2 两点，C 点分为 C_1 、C_2 两点，从而使 A_1、C_1 的接触电阻并入电源内阻中，A_2、C_2 的接触电阻并入阻值较高的电阻 R_1 和 R_2 中，使其影响可忽略不计。但图 3-22 中 B 点的接触电阻及由 B 到 R_x 和由 B 到 R_s 的导线电阻就不能按上述方式处理，因此对惠斯登电桥增加两个阻值较高的电阻 R_3 和 R_4 进行改造。

在图 3-23 中，B 点到 R_3、R_4 及检流计的导线电阻和相应的接触电阻，可并入高阻值电阻 R_3、R_4 及检流计的内阻中去，因而可以忽略不计。B_3、B_4 的接触电阻也可并入到电阻 R_3、

R_4中。将B_1、B_2用粗导线相连，并设B_1、B_2间连线电阻与接触电阻总和为r，可以证明：若适当调节R_1、R_2、R_3、R_4和R_s的阻值，则可消去附加电阻r对测量结果的影响。

调节电阻R_1、R_2、R_3、R_4和R_s使电桥平衡时，流过检流计中的电流$I_g=0$。这时，通过R_1和R_2的电流相等，以I_1表示；通过R_3和R_4的电流也相等，以I_2表示；通过R_s和R_x的电流也相等，以I_3表示。由于B、D两点的电势相等，则有

$$I_1R_1 = I_3R_x + I_2R_3$$
$$I_1R_2 = I_3R_s + I_2R_4$$
$$I_2(R_3 + R_4) = (I_3 - I_2)r$$

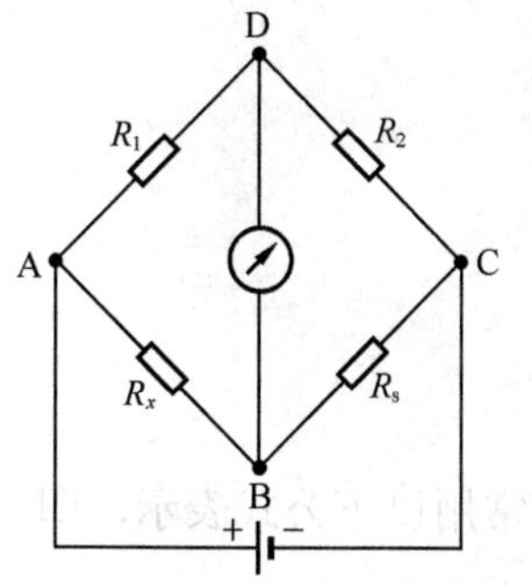

图 3-22 惠斯登电桥原理图

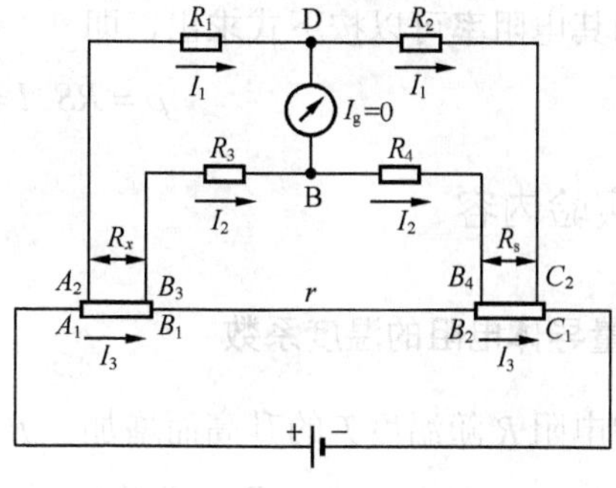

图 3-23 双臂电桥原理图

联立求解，得到

$$R_x = \frac{R_1}{R_2}R_s + \frac{rR_4}{R_3 + R_4 + r}\left(\frac{R_1}{R_3} - \frac{R_3}{R_4}\right) \tag{3-21}$$

如果$R_1 = R_3$、$R_2 = R_4$或$\frac{R_1}{R_2} = \frac{R_3}{R_4}$，则式（3-21）中右边第2项为零，即

$$\frac{rR_4}{R_3 + R_4 + r}\left(\frac{R_1}{R_2} - \frac{R_3}{R_4}\right) = 0$$

此时，式（3-21）可写为

$$R_x = \frac{R_1}{R_2}R_3 \tag{3-22}$$

可见，当电桥平衡时，式（3-22）成立的前提为$\frac{R_1}{R_2} = \frac{R_3}{R_4}$。为保证该前提在电桥使用过程中始终成立，通常将电桥做成一种特殊的结构，即将两对比较臂（$\frac{R_1}{R_2}$和$\frac{R_3}{R_4}$）采用所谓“双十进”电阻箱，在这种电阻箱里，两个相同十进电阻的转臂连接在同一转轴上，在转臂的任一位置上都保持$R_1 = R_3$，$R_2 = R_4$。

我们在惠斯登电桥的基础上增加两个电阻臂R_3和R_4，并使R_3、R_4分别随R_1、R_2做相同的变化（增加或减小），当电桥平衡时就可以消除附加电阻r的影响。上述这种电路装置叫做双臂电桥。双臂电桥平衡时，式（3-22）成立，根据式（3-22）可测出低值电阻R_x。

在双臂电桥中电阻R_x（或R_s）有4个接线端，这类接线方式的电阻称为四端电阻。通

常把连接点 A_1 和 B_1 称为电流端，在双臂电桥上用 C_1 和 C_2 表示；而把连接点 A_2 和 B_3 称为电压端，在双臂电桥上用符号 P_1 和 P_2 表示。采用四端电阻可大大减小导线电阻和接触电阻（总称附加电阻）对测量的影响。

2．测量金属棒的电阻率

一段导体的电阻与该导体材料的物理性质及其几何形状有关。实验指出，导体的电阻与其长度 l 成正比，与其横截面积 S 成反比，即

$$R = \rho l / S \tag{3-23}$$

式中，比例系数 ρ 称为导体的电阻率，其大小表示导电材料的导电能力。若导体是直径为 d 的圆柱体，则其电阻率可以按下式求出，即

$$\rho = RS / l = R\pi d^2 / 4l \tag{3-24}$$

四、实验内容

1．测量导体电阻的温度系数

导体的电阻 R 随温度 T 的升高而增加。R 与 T 的关系通常用以下公式表示，即

$$R_{\mathrm{T}} = R_0(1 + \alpha T + \beta T^2 + \gamma T^3 + \cdots) \tag{3-25}$$

式中，R_{T} 和 R_0 分别是温度为 T 及 273K（即 0℃）时对应的电阻值，α、β、γ…为电阻的温度系数，并有 $\alpha > \beta > \gamma > \cdots$ 对于纯金属来说，β 值很小，因此，温度不太高时，可近似认为金属电阻与温度的关系是线性的。即

$$R_{\mathrm{T}} = R_0(1 + \alpha T) \tag{3-26}$$

实验中，我们可用两种方法求得电阻的温度系数 α：一种方法是不用冰水混合物测量 0℃时的 R_0，而是从式 $R_{\mathrm{T1}} = R_0(1 + \alpha T_1)$ 和 $R_{\mathrm{T2}} = R_0(1 + \alpha T_2)$ 消去 R_0，得到电阻温度系数 α，即

$$\alpha = \frac{R_2 - R_1}{R_1 T_2 - R_2 T_1} \tag{3-27}$$

另一种方法是，以温度 T 为横坐标，以相应的电阻 R_{T} 为纵坐标作图，得到一条直线，进一步可得直线在纵轴的截距 R_0 和斜率 k_0。于是电阻温度系数可求出，具体测量方法如下。

（1）将待测导线（如铜线）绕在绝缘体上，留出 4 根引线做成四端电阻。将电阻的电流端接在电桥的 C_1、C_2 接线柱上，电压端接在双臂电桥的 P_1、P_2 接线柱上，并使电阻浸入一油池中。

（2）接通晶体管检流计电源开关 B_1，待其工作稳定（约 5min）后，调节检流计至零位，再将灵敏度调在最低位置。

（3）估计待测电阻值的大小，选择适当倍率。先按“B”，再按“G”按钮，调节步进读数使电桥平衡，此时检流计指零。适当改变检流计的灵敏度，再次使电桥平衡。按照 R_x =倍率读数×（步进读数+滑线盘读数）算出室温下的电阻 R_{T}，并从温度计上读出此时的温度 T_1，T_1 即为室温温度。

（4）将油池加热，温度每升高 5℃时测量一次电阻值（为使测量稳定，也可先将油池加

热至约 100℃后，温度每下降 5℃测量一次电阻值），共测量 10 个以上的点。

（5）以温度 T 为横坐标，电阻 R_T 为纵坐标作一条光滑图线，在纵轴上求出截距 R_0 和斜率 k_0，并按公式 $\alpha = k_0 / R_0$ 计算电阻的温度系数。

2．测量导体的电阻率

（1）将一段圆形导体（如铝、黄铜、铁等）做成“四端电阻”，如图 3-24 所示，测量出 P_1、P_2 间的电阻值。

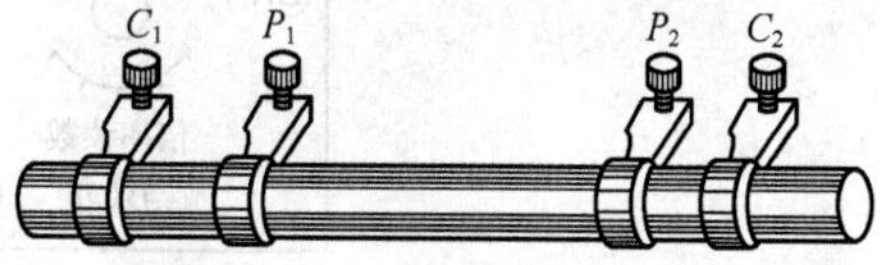

图 3-24 四端电阻的一种形式

（2）用游标尺或螺旋测微计测量圆形导体的直径，在不同的地方测 3 次，取平均值。用米尺测量 P_1、P_2 间导体的长度，测量 3 次，取平均值。

（3）由式（3-24）算出 ρ 值，并按公式 $E_r = \dfrac{\Delta\rho}{\rho} = \dfrac{\Delta R}{R} + \dfrac{\Delta l}{l} + 2\dfrac{\Delta d}{d}$ 估算测量 ρ 的相对误差 E_r 和绝对误差 $\Delta\rho = \rho E_r$。

五、思考题

（1）双臂电桥与惠斯登电桥有哪些异同？

（2）在双臂桥电路中，是怎样消除导线本身的电阻和接触电阻的影响？试简要说明之。

六、仪器介绍

双臂电桥的形式虽各有不同，但它们的线路原理都是一样的，图 3-25 所示为 QJ44 型便携式直流双臂电桥的线路图，该电桥的基本量程为 0.001～11Ω，精确度级别为 0.2 级，图中的 C_1、C_2 和 P_1、P_2 接待测电阻 R_x。图 3-26 所示为其面板图。将图 3-23 和图 2-24 的线路进行比较可知，线路图 3-24 中的滑线读数盘和步进读数相应的电阻值相当于图 3-23 中的电阻 R_s，只不过在这里 R_s 被分成连续可变和跳跃可变两部分。面板上的倍率读数（有 100、10、0.1 等几挡）相当于图 3-23 中 R_1 / R_2 或 R_3 / R_4 的值。B 为接通电源的按钮，G 为接通检流计的按钮。“调零”旋钮用来调节晶体管检流计的零点，“灵敏度”旋钮用来调节晶体管检流计的灵敏度，B_1 为晶体管检流计的电源开关。

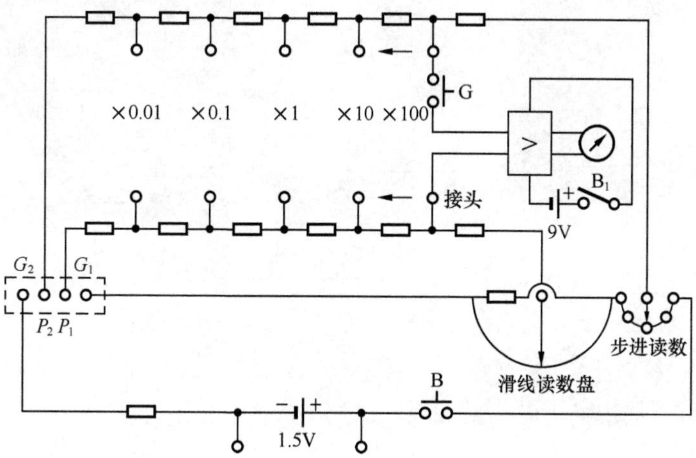

图 3-25 QJ44 型直流双臂电桥线路图

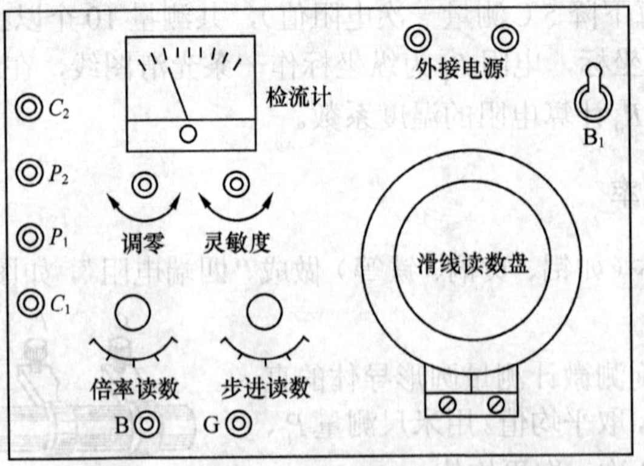

图 3-26 QJ44 型直流双臂电桥面板图

实验九 示波器的应用

一、实验目的

- 了解示波器的主要组成及原理，熟悉使用示波器和信号发生器的基本方法。
- 通过观测李萨如图形，学会一种测量正弦振动频率的方法，加深对互相垂直振动的正弦波的合成的理解。

二、实验仪器

示波器、低频信号发生器。

三、实验原理

示波器是一种能显示各种电压波形的仪器，是电磁测量、电子学及无线电测量技术中很重要的电子仪器。示波器主要用于观察快速变化的波形，可描绘出一个信号与另一个信号之间的关系曲线，或信号对时间的关系曲线。对于不同的测量要求，示波器的电子线路也是多样而且复杂的。下面介绍示波器的主要组成部分及其功能。

1. 示波管

如图 3-27 所示，示波管由电子枪、偏转板和荧光屏 3 部分组成。其中，电子枪是示波管的核心部件。

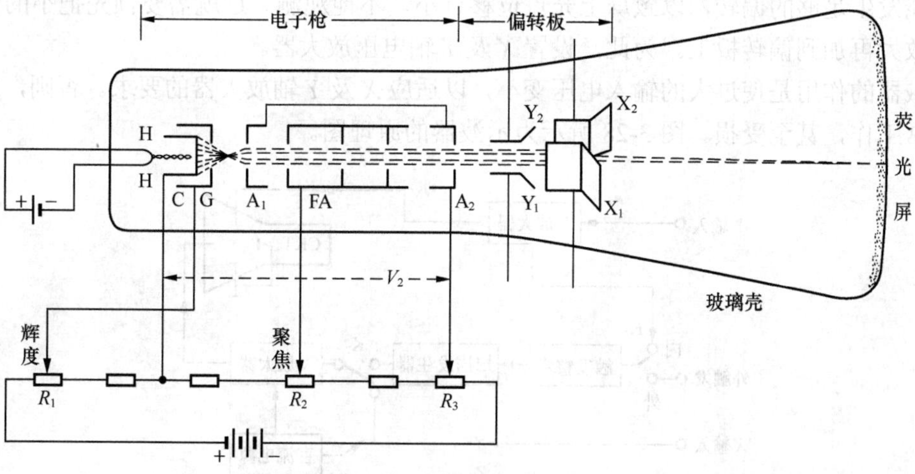

图 3-27 示波管的基本结构

（1）电子枪：电子枪由阴极 C、栅极 G、第 1 加速电极 A_1、聚焦电极 FA 以及第 2 加速电极 A_2 组成。当灯丝 H 中通以电流使阴极 C 受热时，阴极 C 就会发射电子并形成电子流。套在阴极外面、端头开有小孔的金属圆筒是栅极 G，工作时电子可以从小孔通过。栅极电势比阴极低，故可控制通过小孔的电子数目，即调节栅极电压，从而达到控制到达荧光屏的电子流强度，使荧光屏光点的亮度发生变化的效果。

从栅极小孔出来的电子束是散射开的，为了在屏幕上得到一个又亮又小的光点，必须把散射开的电子束会聚起来，类似光束通过凸透镜时，光束的聚焦一样，在电场力的作用下，电子运动轨道改变而汇聚一点，结果在荧光屏上得到一个又小又亮的光点。产生这个聚焦的静电场装置，在电子光学里称为静电电子透镜。在这里，通过电子枪内的聚焦电极FA与第2加速电极A_2组成的静电透镜来实现聚焦。

经过第1加速电场A_1后，电子流得到一定的速度，进入FA和A_2组成的电场。电场将由栅极过来的发散的电子流聚成一窄细的电子束，通过改变电压的大小可以调节电子束的聚焦程度，即荧光屏上光点的大小，这称为聚焦调节。

（2）偏转板：偏转板包括Y_1、Y_2垂直偏转板和X_1、X_2水平偏转板。设电子枪发射出来的电子原来是射在荧光屏的中心的，如果在Y_1、Y_2加上一定电压，电子束经过极板时，因受到垂直于运动方向的电场力作用而发生偏转，电子束到达荧光屏时，光点的位置位于水平轴的上方或下方；同样，如果在X_1、X_2两极间加电压，电子束到达屏幕时，光点将位于左方或右方。光点偏转距离的大小与加在偏转板上的偏转电压成正比。

（3）荧光屏：荧光屏是阴极射线管前端的玻璃壁，其内壁涂有发光物质，当它受到具有足够能量的电子轰击时，会发出可见光。在电子轰击停止后，发光仍能持续一段时间，这段时间称为余辉，其持续时间的长短取决于发光物质的成分。在荧光屏上，电子束的动能不仅转化成光能，同时还转化成热能，因此，若电子束长时间地轰击屏幕上某一点或电子流密度过大，就可能将被轰击的发光物质烧毁，从而形成暗斑，在操作时要注意。

2. 电压放大器和衰减器

由于示波管本身的X及Y轴偏转板的灵敏度不高，当加到偏转板的信号电压较小时，电子束不能发生足够的偏转，以致屏上光点位移过小，不便观测。这就需要预先把小的信号电压加以放大再加到偏转板上。为此，设置X及Y轴电压放大器。

衰减器的作用是使过大的输入电压变小，以适应X及Y轴放大器的要求。否则，放大器不能正常工作，甚至受损。图3-28所示为示波器的原理图。

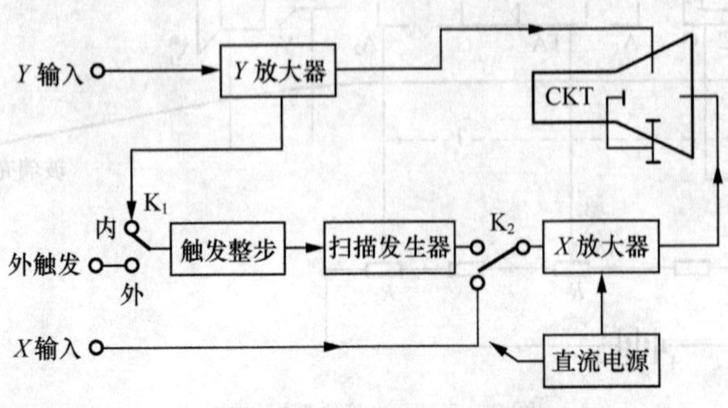

图3-28　示波器的原理图

3. 扫描与整步，波形显示

如在垂直偏转板Y轴上加一个交流电压信号，则电子束随信号在垂直方向上做往返运动，当变化频率较大时，在屏上看到一条竖直亮线。同样道理，在X轴上加一交流电压信号时，会看到一水平亮线。但是，信号变化的规律、波形和频率却无法展开。

在运用示波器观察波形时，常把被研究信号电压加到 Y 轴输入端，为了使波形展开，需要在 X 轴上加上“扫描电压”。电子束在 X，Y 轴电压的共同作用下偏转运行。“扫描电压”是随时间线性变化的周期性电压，为锯齿波电压。电子束在其作用下，就会依时间线性地从左到右移动，信号就会被展开（称为扫描正程），到端点以后，又立即返回原位置（称为扫描逆程或回扫描）。然后，又进行下一周期的扫描。这样，荧光屏上的光点除沿 Y 轴方向运动外，还沿 X 轴方向被扫描，调整扫描周期为信号周期的 n 倍，则屏上将看到 n 个周期的稳定的信号图形，如图 3-29 所示。

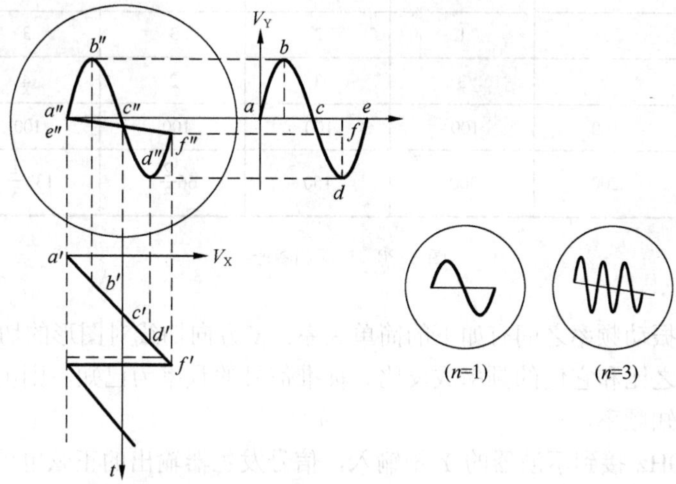

(a) (b)

图 3-29 信号图像

为了观察波形，在各类示波器的 X 轴系统都设有锯齿波发生器，产生一定频率范围的，线形良好的扫描波，供观测波形使用。为了观察稳定的波形，即满足调整扫描周期为信号周期的整数倍的条件，常用同步控制。一般引入另一个幅度可以调节的电压，以控制扫描电压的频率，从而满足上述条件，这就是整步作用，所引入的电压称为整步电压。它可以取自被测信号（称内整步）或电源电压（称电源整步），也可将另一外加信号由“整步输入”接线柱接入（称外整步）。

四、实验内容

（1）熟悉示波器面板上各旋钮和按钮的功能。

（2）观察正弦波和方波。

将信号发生器的输出端连接至示波器 CH_1 通道输入端，输出频率调到 1kHz，输出幅度调到最大。示波器 CH_2 通道关闭，调节示波器的相关旋钮及按键，使屏幕上得到图形稳定、大小及位置适中的波形。改变信号发生器上的波形选择键，在示波器上分别显示出正弦波和方波。

（3）观测李萨如图形。

两个不同频率的正弦电压分别从示波器的 X 轴和 Y 轴输入，当正交的二正弦振动满足周期相同（或成简单整数比）且相位差恒定时，则合成李萨如图形，如图 3-30 所示。

由于李萨如图形的形状与这两个正弦电压的频率比值有关，因此，常用标准信号与待测信号合成李萨如图形来测定未知频率和相位。

$t_y:t_x$	1:1	1:2	1:3	2:3	3:2	3:4	2:1
李萨如图形		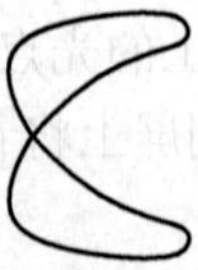	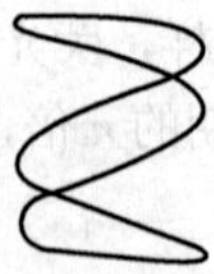	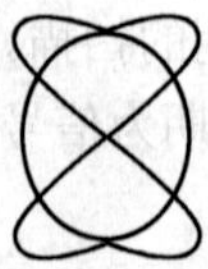	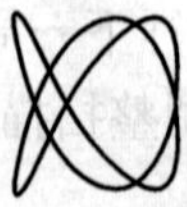		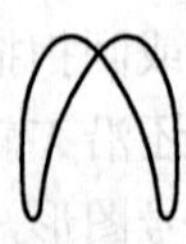
N_X	1	1	1	2	3	3	2
N_Y	1	2	3	3	2	4	1
t_y（赫）	100	100	100	100	100	100	100
t_x（赫）	100	200	300	150	$66\frac{2}{3}$	$133\frac{1}{3}$	50

图 3-30　李萨如图形

李萨如图形与振动频率之间有如下的简单关系：X 方向切线对图形的切点数与 Y 方向切线对图形的切点数之比和它们的频率成反比。标准信号的频率为已知，则由李萨如图形的切点数可以计算出未知频率。

将标准信号 50Hz 接到示波器的 Y 轴输入，信号发生器输出的正弦电压接到示波器的 X 轴输入，然后调节有关旋钮，使各种不同的李萨如图形分别出现，画出图形记录表中，并作有关计算。

五、注意事项

（1）使用示波器时，光点亮度不能太强，也不能使光点长时间停在荧光屏的一点上。

（2）在实验过程中，如果暂时不用示波器，可将亮度调至最暗。

（3）不要经常通断示波器的电源。

六、思考题

（1）示波器显示波形的基本原理是什么？

（2）对于一台好的示波器，如果找不到亮点，有可能是哪些原因造成的？

实验十 整流滤波电路

一、实验目的

- 熟悉单相整流、滤波电路的连接和测试方法。
- 加深理解整流、滤波电路的作用和特性。

二、实验仪器

所需实验仪器如表 3-4 所示。

表 3-4 实验仪器

名 称	数 量	型 号
AC 电源	1 台	
示波器	1 台	
万用表	1 只	
二极管	4 只	IN4007×4
电阻	1 只	1kΩ×1
电势器	1 只	10kΩ×1
电容	2 只	10μF×1、470μF×1
短接桥和连接导线	若干	P8-1 和 50148
实验用 9 孔插件方板	1 块	297mm×300mm

三、实验原理

1. 整流电路

整流电路分为半波、全波和桥式整流三种电路，分别如图 3-31（a）、（b）和（c）所示。半波整流的输出电压为$V_0 = 0.45V_2$；全波整流的输出电压为$V_0 = 0.9V_2$；桥式整流的输出电压为$V_0 = 0.9V_2$。其中V_0为平均值，V_2为有效值。

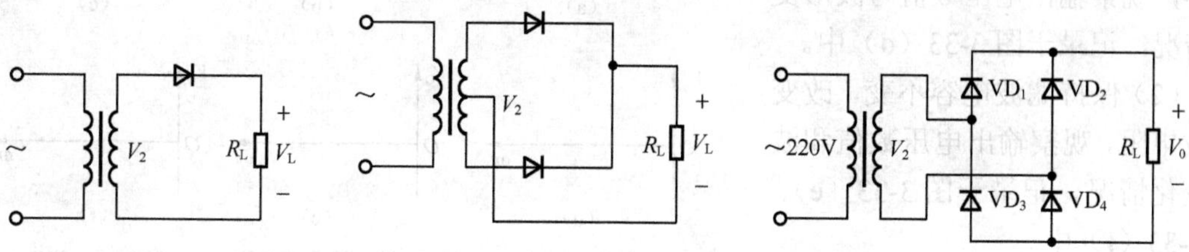

（a）半波 （b）全波 （c）桥式

图 3-31 整流电路

2. 滤波电路

在小功率的电子设备中，常用的是电容滤波电路，如图 3-32 所示。当电容 C 不小于 3～

5 倍 $\frac{T}{2R_L}$ 时（其中，T 为电源周期，$R_L = R + R_W$），输出电压 V_0 为 V_2 的 1.1～1.2 倍。

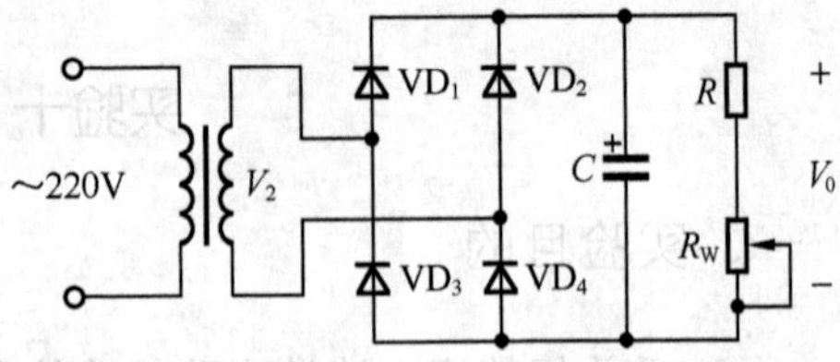

图 3-32　滤波电路

四、实验内容

1．桥式整流电路

按图 3-31（c）所示接线，检查无误后进行通电测试。将万用表测出的电压值填入表 3-5 中，示波器观察到的变压器副边电压波形绘于图 3-33（a）中，将整流级电压绘于图 3-33（b）中。

表 3-5　　**电压值**

变压器输出电压 V_2（V）	整流级输出电压（V）	
	估 算 值	测 量 值

2．整流滤波电路

按图 3-32 所示，连接整流、滤波电路，检查无误后进行通电测试，测滤波级输出电压，填入表 3-6 中，观察到的波形绘于图 3-33（c）中。

表 3-6　　**滤波级输出电压**

变压器次级电压 V_2（V）	输出电压 V_0（V）				估算值 V_0=1.2V_2（V）
	负载不变（R_L=1kΩ）		滤波电容不变（C=470μF）		
	C=10μF	C=470μF	R_L=（1+10）kΩ	R_L=∞	

3．观察电容滤波特性

（1）保持负载不变，增大滤波电容，观察输出电压数值与波形变化情况，记录于图 3-33（d）中。

（2）保持滤波电容不变，改变负载电阻，观察输出电压数值和波形变化情况，记录于图 3-33（e）、图 3-33（f）中。

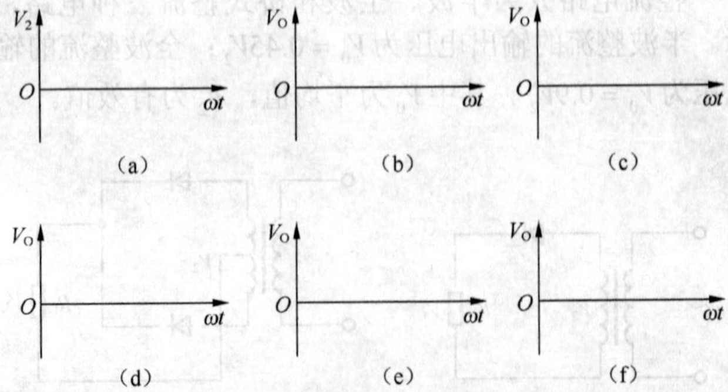

图 3-33　波形变化图

五、思考题

（1）分析表 3-3 中估算值与测量值产生误差的原因。

（2）分析表 3-4 测试记录与相应的波形，可得到什么结论？

实验十一 直流电位差计

一、实验目的

- 了解直流电位差计的工作原理、结构及特点和操作方法。
- 了解标准电池的性能、特点及工作原理。
- 学会用补偿法测量电动势。
- 掌握用 UJ 24 型电位差计测量电源电动势。

二、实验仪器

UJ24 型电位差计、饱和式标准电池一个、待测电池一只。

三、实验原理

电位差计是利用补偿法测电位差，补偿法的原理可由图 3-34 说明。(a) 图：用电压表直接测量电源的电动势。(b) 图：用补偿法测量电源的电动势。其中 E_x 为待测电源电动势，E_s 为一可改变电压的标准电源，G 为检流计，调节 E_s 使检流计指零，此时 E_x 与 E_s 必然是大小相等方向相反，即有

$$E_x = E_s$$

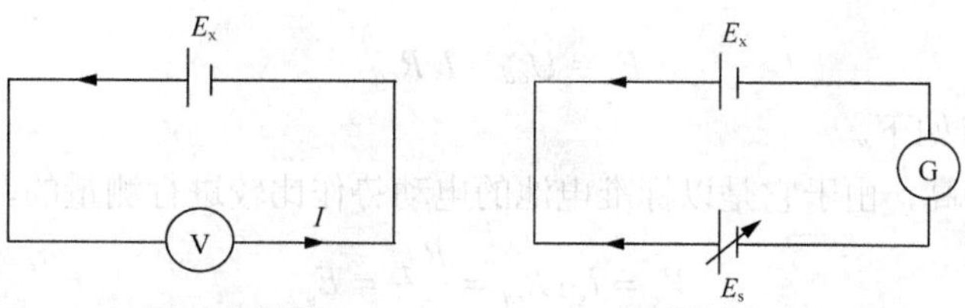

(a) 电压表直接测量　　(b) 补偿法测量电动势

图 3-34　补偿法原理

这时我们称电路达到补偿，这种测量电动势或电位差的方法称为补偿法。由此原理构成的测量电动势或电位差的仪器称为电位差计。图 3-35 所示为电位差计的原理线路。其中 E 为工作电源，E_s 为标准电池，E_x 为待测电池，R 为调节工作电流的变阻器，R_{ab} 为精密电阻，G 为检流计，d 为 R_{ab} 上的滑动触头，K_2 为单刀双掷开关。由 E、R 和 R_{ab}，构成的闭合回路称为辅助回路（也称工作回路），由 E_s、R_{cd}、G、K_2（或 E_x R_{cd}、G、K_2）构成的闭合回路称为补偿回路。要求在两回路平衡时，工作回路中通过 R_{ab} 的电流为一恒定的标准电流 I_s，称为标准工作电流。电位差计就是采用标准电池 E_s 的电动势来校准工作电流的。当开关 K_2 倒向"E_s"位置检流计接到标准电池 E_s，调节电阻 R 使通过检流计 G 的电流为零，根据补偿原理，可断定标准电池的电动势 E_s 和电阻 R_{cd} 上的电压降相互补偿有

$$E_s = I_s \cdot R_{cd} \tag{3-28}$$

由于平衡时保证 I_s 恒定不变，改变 d 的位置就改变 a，d 间的电位差 U_{ad} 的大小，U_{ad} 正比于电阻 R_{cd} 的阻值，若工作电流恒定为 1mA，则在电阻 R_{cd} 上 1kΩ两端的的电压为 1V。

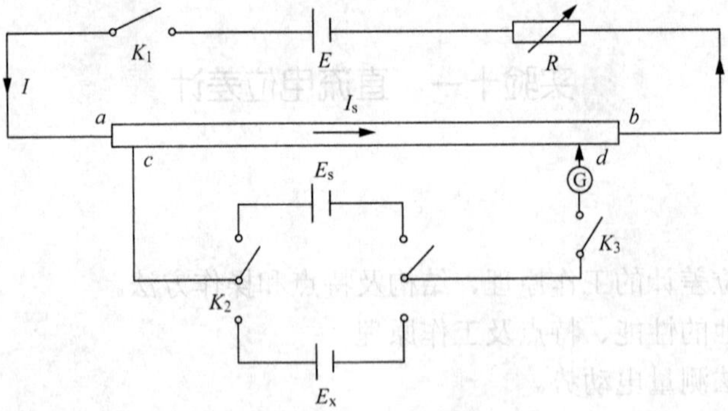

图 3-35 电位差计工作原理图

在实际的电位差计中，都是根据 I_s 的大小将电阻 R_{cd} 的数值转换成电压的数值（以 V 或 mV 为单位）标在电位差计上，即用标准电池的电动势来校准电位差计的工作电流，标准电池的电动势是根据测量时的温度 t℃由下式给出

$$E_t = E_{20} - 4.06\times10^{-5}(t-20) - 10^{-6}(10-20)^2 \tag{3-29}$$

其中 E_{20} 代表温度为 20t℃时标准电池的电动势，饱和式标准电池的 E_{20}=1.01860V。将电位差计上 E_s（或 R_{cd}）置于 E_t 的数值，再调节 R，改变工作电流，使检流计指零，此时工作电流便调到电位差计设计时的 I_s 值，这样，电位差计上标定的电压值就算校准了。然后将开关 K_2 倒向“未知”，将检流计接在待测电池 E_x 一边，调节电阻 R_{cd}，也就是调节电压 U_{ad}，使检流计指零，这时有

$$E_x = U_{ad} = I_s \cdot R_{cd'} \tag{3-30}$$

电位差计的特点如下。

（1）测量准确度高，由于它是以标准电池的电动势作比较进行测量的，待测电压 V_x 等于：

$$V_x = I_s \cdot R_{cd} = \frac{R_{cd'}}{R_{cd}} = E_s \tag{3-31}$$

其中，E_s 和精密电阻 R_{ab} 的准确度都很高，检流计的灵敏度也很高，故常用作标准器用来校准电表。

（2）测量范围广且可测小电压或电压的微小变化，UJ24 型电位差计的低量程可测到 10^{-6}V。

（3）电位差计是利用补偿原理来测量电压的，不会影响待测电路，不从被测电路中取用电流，不改变被测电路的工作状态，测量时，补偿回路中电流为零（当然不是绝对的，检流计灵敏度越高，越接近于零），故能测量电源的电动势，这是伏特计所不能比的。

但是，在用电位差计测量的过程中，其工作条件常易发生变化，（例如，辅助回路电源 E 不稳定，制流电阻 R 不稳定，温度的微小变化等）。为了恒定标准工作电流 I_s，每次测量都必须经过校准和测量两个步骤，且每次要达到都要进行细致的调节，所以显得操作繁复费时。

四、实验内容

用 UJ24 型电位差计测量电源电动势用 UJ24 型电位差计为 0.02 级，按原理图在指导教师的指导下接好线路，注意正负极不可接错，电位差计的使用方法如下。

① 用标准电池校准电位差计。按式（3-29）计算室温下标准电池的电动势值，将刻度盘的数值置于计算得到的E_t值，将开关K_2倒向E_s，按下按钮调节R，使检流计指零。

② 测量未知电动势E_x。将开关K_2倒向E_x端，调节R_{ab}的3个旋钮，使检流计指零，此时电位差计上的示数即为待测的未知电动势值。

③ 用同样的方法重复测量5次，计算出结果。即

$$\overline{E_x} = \frac{E_{x1} + E_{x2} + E_{x3} + E_{x4} + E_{x5}}{5}$$

$$\Delta\bar{E}_x = \frac{|\bar{E}_x - E_{x1}| + |\bar{E}_x - E_{x2}| + |\bar{E}_x - E_{x3}| + |\bar{E}_x - E_{x4}| + |\bar{E}_x - E_{x5}|}{5}$$

$$E_x = \bar{E}_x \pm \Delta\bar{E}_x$$

五、注意事项

（1）标准电池不能振动、摇晃和倒置。

（2）标准电池和检流计不能通过大电流（不能大于1μA），标准电池不允许长时间通电。

（3）工作电池、标准电池和待测电压的正负极不能接错，不测量时，开关K_2应旋到中间“断”的位置。

（4）要随时用标准电池对电位差计进行校准，否则测量结果不正确。

六、思考题

（1）标准电池在电位差计测量中起什么作用？图3-35中的电阻R的作用是什么？

（2）使用标准电池应注意什么？为什么？

第4章 光学实验

本章将介绍一些简单的光学物理实验的原理和操作。

实验一 薄透镜焦距的测量

一、实验目的

- 加深对薄透镜成像规律的认识与了解。
- 学习光学实验的一些基本操作方法。
- 学习用不同的方法测量薄透镜的焦距。

二、实验仪器

光具座、透镜底座及支架、薄凸透镜、薄凹透镜、平面镜、光源、“品”字形物屏、白色像屏。

三、实验原理

透镜的焦距反映了透镜的特性，当透镜的厚度与其焦距相比小很多时，称为薄透镜。焦距不同的透镜和透镜组构成了各种光学仪器。因此，使用光学仪器，对透镜焦距的测定是必不可少的一项重要内容。

1. 透镜及透镜成像公式

透镜分为凹透镜与凸透镜两类。凹透镜对光束起发散作用，凸透镜对光束起汇聚作用。

（1）凸透镜如图 4-1 所示。物点 A 发出的光线通过凸透镜折向主光轴，并汇聚于一像点 A′。若在 A′ 处放一像屏，则在像屏上能看到所成的像为实像。

（2）凹透镜如图 4-2 所示。物点 A 发出的光线通过凹透镜偏离主光轴，但其反向延长线都汇聚于一点 A′，若在凹透镜另一侧迎着光线看物点 A，则仿佛光线是从 A′ 发出的，但如果在 A′ 处放一像屏，在像屏上则不能成像，故称为虚像。

近轴光线为通过透镜中心附近并与主光轴之间夹角很小的光线。当光线为近轴光线时，薄透镜成像的公式为

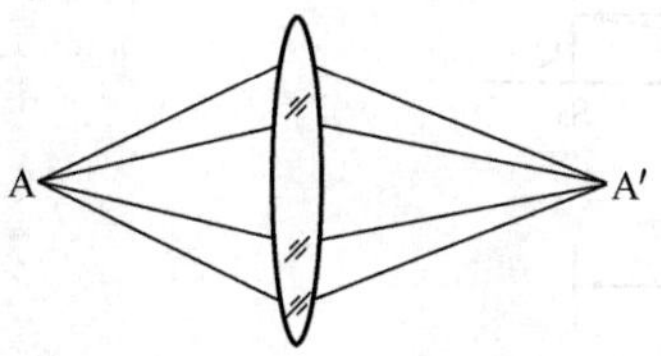

图 4-1　凸透镜

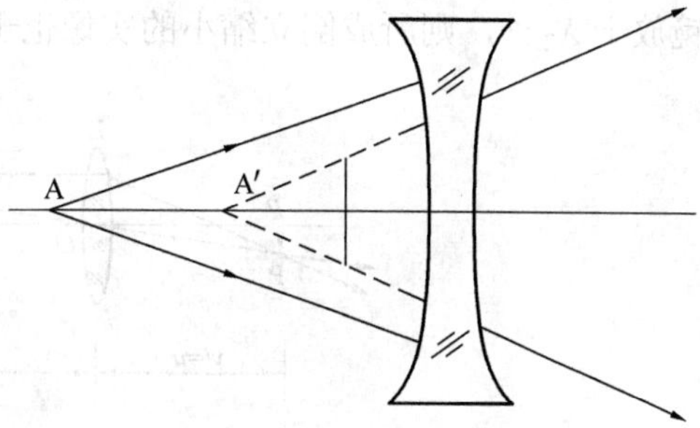

图 4-2　凹透镜

$$\frac{1}{u}+\frac{1}{v}=\frac{1}{f} \tag{4-1}$$

式中，u 为物距，v 为像距，f 为透镜焦距。应用式（4-1）时，注意各物理量的符号规定：凸透镜的焦距 f 取正值，凹透镜的焦距 f 取负值；物距 u 的正负根据物的虚实确定，实物时 u 为正值，虚物时 u 为负值；像距 v 的正负根据像的虚实确定，实像时 v 为正值，虚像时 v 为负值。

2．透镜焦距测量的方法

（1）自准直法测凸透镜焦距。

如图 4-3 所示为待测透镜 L，若物体放置于透镜 L 的物方焦平面上，物体发出的光经透镜 L 后将形成平行光。若在透镜后面放置一与透镜光轴垂直的平面反射镜 M，则平行光经 M 反射后，将沿着原路线反方向传播，经透镜折射后，在物方焦平面上成一与原物大小相同的倒立实像。此时，物与透镜 L 之间的距离就是透镜的焦距 f 。此方法利用调节实验装置本身，使之产生平行光以达到调焦的目的，所以称为自准直法。

（2）共轭法测凸透镜焦距。

利用凸透镜物、像共轭对称成像的性质来测量凸透镜焦距的方法，称为共轭法。所谓“物、像共轭对称”是指物与像的位置可以互换，如图 4-4 所示。其中，处于物点 S_0 的物体 Q 经凸透镜 L 在像点 p 处成像 P，此时物距为 u，像距为 v。若把物点 S_0 移至图 4-4 中 p 点处，则该物体经同一凸透镜 L 成像于原来的物点（即像点 p）将移至图 4-4 中的 S_0 点。因此，图 4-5 中的物距 u' 和像距 v' 分别对应图 4-4 中的像距 v 和物距 u，即 $v'=u$，$u'=v$。以上就是“物、像共轭对称”的原理。

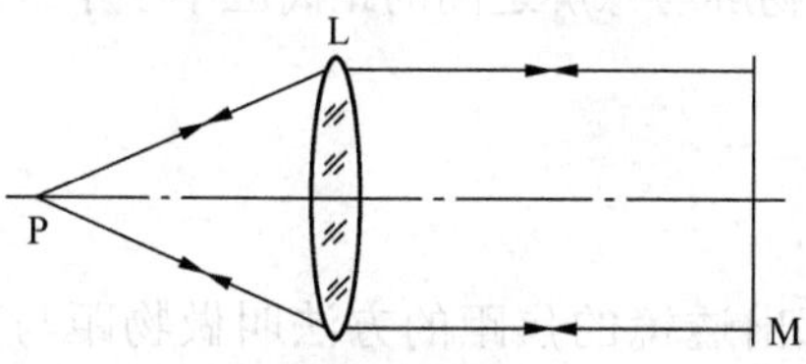

图 4-3　自准直法测量凸透镜焦距

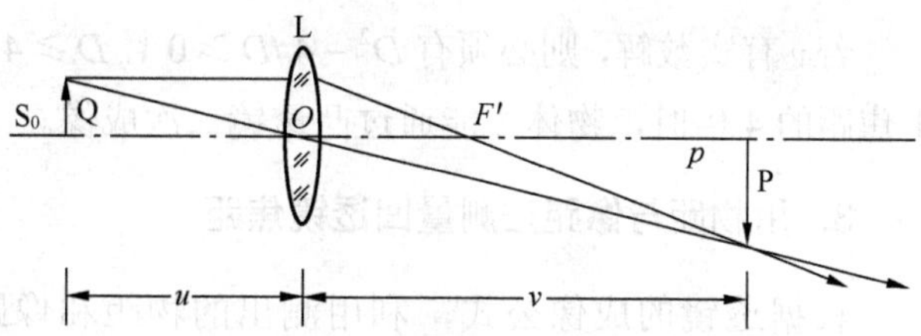

图 4-4　共轭法测量凸透镜焦距

设 $u+v=u'+v'=D$（物屏 Q 和像屏 P 之间的距离为 D）。根据共轭法，若物体与像的位置不调换，则物体在S_0处，凸透镜L在X_1处，所成一倒立放大实像于p处；保持物体不动，将凸透镜放于X_2处，则所成倒立缩小的实像也于p处，如图4-6所示。

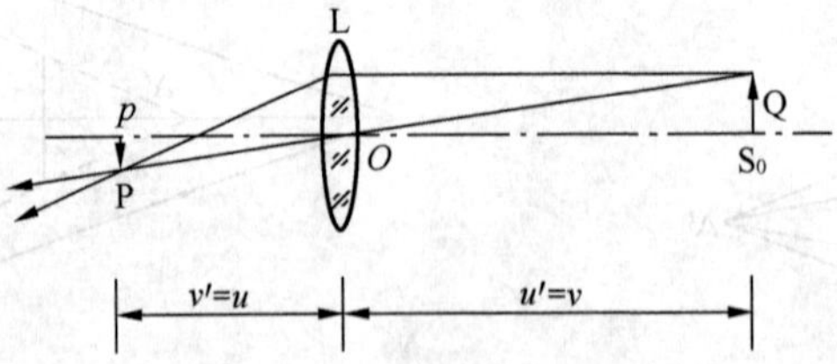

图4-5　物像共轭对称

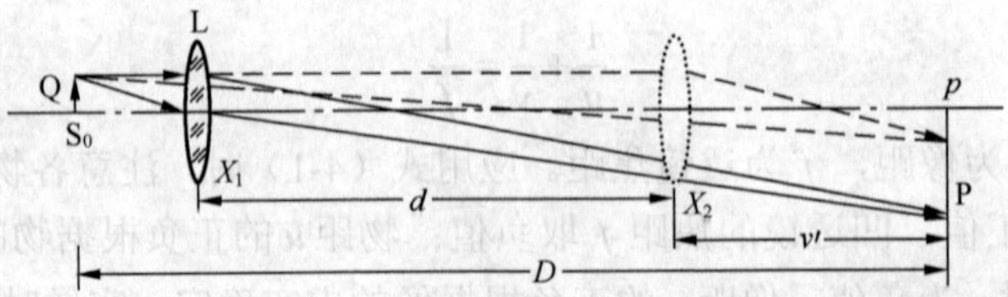

图4-6

由图4-6可知

$$u'-u=d \tag{4-2}$$

或

$$v-u=d \tag{4-3}$$

将式（4-2）、式（4-3）与式（$u+v=u'+v'=D$）联立，解得

$$v=\frac{D+d}{2},\ u=\frac{D-d}{2},\ f=\frac{D^2-d^2}{4D} \tag{4-4}$$

式（4-4）为共轭法测量凸透镜焦距的公式。由于焦距f是通过移动透镜二次成像而求得的，因此，这种方法又称二次成像法。

另外，将物距u从方程组$\begin{cases} D=u+v \\ d=v-u \\ \dfrac{1}{u}+\dfrac{1}{v}=\dfrac{1}{f} \end{cases}$中消去，可得

$$\frac{1}{D-v}+\frac{1}{v}=\frac{1}{f},\ v^2-Dv+Df=0,\ v=\frac{D\pm\sqrt{D^2-4f'D}}{2}$$

若v有实数解，则必须有$D^2-4fD\geqslant 0$且$D\geqslant 4f$，即物屏与像屏之间的距离应不小于等于焦距的4倍时，物体才能通过凸透镜二次成像。

3. 用物距与像距法测量凹透镜焦距

根据透镜的成像公式，利用测出的物距和像距计算出透镜的焦距的方法叫做物距与像距法。利用凹透镜对实物体成虚像的性质，测凹透镜焦距时，要借助一凸透镜L_1中所成倒立的实像作为凹透镜的虚物体，虚物体的位置可以在光具座上测出。凹透镜能对虚

体物成实像，实像的位置也可测出。于是，可用式（4-1）求出凹透镜的焦距 f，如图 4-7 所示。

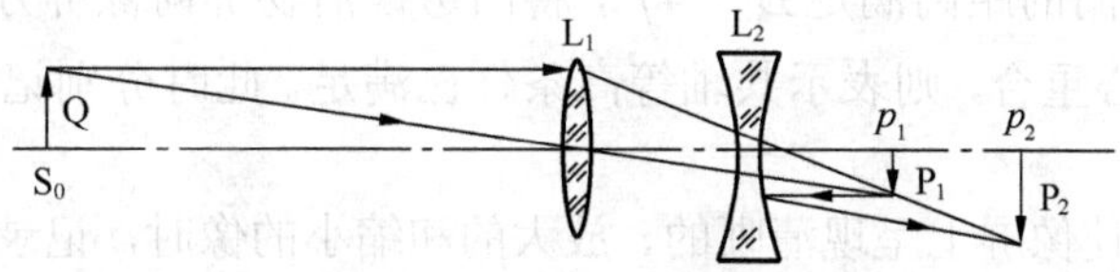

图 4-7　用物距与像距法测量凹透镜焦距

四、实验内容

1. 光学元件的共轴调节

应用薄透镜成像公式时，需满足近轴光线条件。因此，必须将各光学元件调节到同轴，并使该轴与光具座的导轨方向平行。

共轴调节分以下两步完成。

（1）粗调：光源、物屏、透镜及像屏等依次靠拢，利用目测法使得各光学元件中心处于一条直线上，且平行于光具座的导轨。

（2）细调：细调是在粗调的基础上，按成像规律或借助其他仪器的细致调节来进一步判断和调节的方法。例如共轭法测凸透镜焦距，常利用于光具组的共轴调节。当透镜移动至适当位置，且使物体在像屏上分别成两个大小清晰的倒立实像时，如果这两个倒立实像的中心不重合，可调节物体或透镜的高度，使二像的中心重合于屏坐标的同一位置，此时，各光学元件已达到共轴条件。

2. 测凸透镜的焦距

（1）用自准直法测凸透镜焦距。

① 将白光光源、透镜、物屏、像屏等放于光具座上，并且使各元件的中心连线与光具座导轨平行。

② 如图 4-3 所示，在光具座上放置光源、物屏 P 及平面镜 M。在物屏 P 和平面镜 M 之间放置被测量的凸透镜 L。

③ 适当调节光路，使物屏 P 发出的光通过透镜 L 后，由平面镜 M 再反射回去，并再次通过透镜射向物屏 P。

④ 在光具座上前后移动凸透镜，使物屏上产生倒立、与物大小相等、清晰的实像，当共轴条件满足时，物体与像完全重合。分别记录此时透镜及物屏的位置，其间距即为凸透镜的焦距 f。

实际测量时，对成像清晰度的判断总是会存在一定偏差，因此，通常采用左右靠近法，先将透镜由右向左方向移动，当像恰好清楚时，记下透镜位置，然后将透镜由左向右方向移动，当像恰好清楚时，透镜位置，取此两次读数的平均值作为成像清晰时凸透镜的位置。

⑤ 改变物屏位置，重复上述方法测量两次，求出透镜的焦距 f，并计算出两次测量透镜

焦距 f 的平均值 $\overline{f}$ 并作误差处理。

（2）用共轭法测凸透镜焦距。

① 使物屏与像屏间的距离满足 $D \geqslant 4f$，将凸透镜沿物屏向像屏方向缓慢移动，若所成放大像与缩小像的中心重合，则表示共轴等高条件已满足。此时分别记录物屏和像屏所在位置。

② 移动凸透镜，使像屏上呈现清晰的、放大的和缩小的像时，记录透镜两次成像的位置1、2（使用左右靠近法），测出位置1、2间的距离 d。

③ 改变物、屏位置，重复测量，求出 D 和 d 的平均值，按照式（4-4）求出焦距 f 的平均值 $\overline{f}$ 并作误差处理。

（3）用物距与像距法测凹透镜焦距。

① 按照图4-7所示，将物屏的位置固定于 S_0 处，并在其后导轨上放置一凸透镜 L_1，使像屏上出现一倒立缩小实像，记下像屏P位置 p_1。

② 保持物屏与凸透镜的位置不变，在凸透镜 L_1 与像屏P之间放置凹透镜 L_2，此时，凸透镜在 p_1 处的实像即为凹透镜的虚物。

③ 移动凹透镜及像屏，直至屏上又一次出现清晰的实像。该像即为凹透镜所成之实像，记录此时凹透镜及像屏的位置。

④ 保持物屏和凸透镜的位置不变，重复上面步骤两次。

⑤ 计算物距 u、像距 v，代入式（4-1）中计算凹透镜焦距 f 的平均值 $\overline{f}$ 并作误差处理（注意：在这里 u、f 均为负值）。

五、数据表格及数据处理

1．数据表格

（1）用自准直法测凸透镜焦距所使用的数据表格如表4-1所示。

表 4-1　　　　**物屏位置 x_0=_______cm**

测量次数	透镜所在位置 x_1（cm）			f（cm）
	左	右	平均	
1				
2				
3				

（2）用共轭法测凸透镜焦距所使用的数据表格如表4-2所示。

表 4-2　　**物屏位置 x_0=_______cm**　　**像屏位置 x_3=_______cm**

测量次数	凸透镜位置（cm）						d(cm)	f(cm)
	成放大像时透镜所在位置 x_1			成缩小像时透镜所在位置 x_2				
	左	右	平均值	左	右	平均值		
1								
2								
3								

（3）用物距与像距法测凹透镜焦距所使用的数据表格如表 4-3 所示。

表 4-3　　**凹透镜位置 x_0=________cm**

测量次数	虚物所在位置 x_1 (cm)			像屏所在位置 x_2 (cm)			u(cm)	v(cm)	f(cm)
	左	右	平均值	左	右	平均值			
1									
2									
3									

2．实验误差与不确定度分析

（1）自准直法测凸透镜焦距的不确定度分析。

$$f = \overline{x}_1 - x_0$$

$$\sigma_f = \sqrt{S_{x_1}^2 + \Delta_{x_1仪}^2 + \Delta_{x_0仪}^2}$$

式中，$S_x = \sqrt{\dfrac{\sum_i^n (f_i - f)^2}{n(n-1)}}$、$\Delta_{x仪}$ 均取 0.05cm。

结果表达式为

$$f = f \pm \sigma_f$$

（2）共轭法测凸透镜焦距的不确定度分析。

d 的不确定度

$$\sigma_d = \sqrt{S_{x_1}^2 + \Delta_{x_1仪}^2 + S_{x_2}^2 + \Delta_{x_2仪}^2}$$

D 的不确定度

$$\sigma_f = \sqrt{\Delta_{x_0仪}^2 + \Delta_{x_3仪}^2}$$

测量的不确定度

$$\sigma_f = \sqrt{[\frac{1}{4} + (\frac{d}{2D})^2]^2 \sigma_D^2 + (\frac{d}{2D})^2 \sigma_d^2}$$

结果表达式为

$$f = f \pm \sigma_f$$

（3）物距像距法测凹透镜焦距的不确定度分析

物距的不确定度

$$\sigma_u = \sqrt{S_{x_1}^2 + \Delta_{x_1仪}^2 + \Delta_{x_0仪}^2}$$

像距的不确定度

$$\sigma_v = \sqrt{S_{x_2}^2 + \Delta_{x_2仪}^2 + \Delta_{x_0仪}^2}$$

测量的不确定度

$$\sigma_f = \sqrt{(\frac{v}{u+v})^4 \sigma_u^2 + (\frac{u}{u+v})^4 \sigma_v^2}$$

结果表达式为

$$f = \bar{f} \pm \sigma_f$$

六、注意事项

不能用手接触透镜的光学表面；物屏应紧靠光源。

七、思考题

（1）何谓光具组的共轴调节？

（2）薄透镜成像的公式中 u、v、f 在具体应用时，其符号正、负是如何规定的？

（3）利用共轭法测量凸透镜焦距时，成像的条件是什么，共轭法有何优点？物距与像距法测量凹透镜焦距时，对虚物和凹透镜的位置有何要求，为什么?

（4）为什么说本实验所述的各种方法只适合测量薄透镜的焦距？分析每一种测量方法的精度并把它们加以比较。

（5）自准直法测焦距时会发生错觉，当反射镜恰好位于像平面时，测量的系统误差是什么？可否设法减小？

实验二 分光计的调整以及用光栅测定光波波长

一、实验目的

- 加深对光的衍射和光栅分光作用基本原理的理解。
- 学会用透射光栅测定光波的波长及光栅常数。
- 学会利用透射光栅演示复色光谱。

二、实验仪器

分光计、平面透镜光栅、汞灯。

1．分光计

作为一种常用的光学仪器，分光计本质上是一种精密的测角仪。在几何光学实验里，分光计主要用来测定棱镜顶角、光束的偏向角等。而在物理光学实验里，加上棱镜、光栅等分光元件后，可用来观察光谱，测量光谱线的波长等。如：利用光反射的原理测量棱镜的角度；利用光折射的原理测量棱镜的最小偏向角，计算棱镜玻璃的色散率与折射率；另外，可与光栅配合做光的衍射实验，测量光波的波长和角色散率；与偏振片、波片配合做光的偏振实验等。

分光计的型号很多，常见的有 FGY 型、JJY 型两种。

（1）分光计主要技术参数。

表 4-4　分光计主要技术参数

项目 型号	自准值望远镜			平行光管		刻 度 盘			载 物 台	
	物镜焦距（mm）	目镜焦距（mm）	放大倍数	物镜焦距（mm）	狭缝调节范围（mm）	刻度盘读数范围	游标读数值	最小读数值	旋转角度	升降范围（mm）
FGY 型	168	24.3	×7	168	0～2	0～360°	30″	15″	0～360°	45
JJY 型	168	24.3	×5	168	0～2	0～360°	1′	30″	0～360°	20

（2）分光计的构造。

从表 4-4 可以看出，FGY 型、JJY 型两种分光计的结构、调整方法基本相同。本实验主要以 JJY 型分光计为例来说明。

分光计可用来测量角度。要测量入射光与出射光之间的角度，根据反射定律、折射定律及透射光栅衍射的条件，分光计必须满足下述两个条件：

① 入射光和出射光应为平行光。

② 入射光、出射光及光栅平面的法线所构成的平面应当与分光计的刻度盘平行。

因此，分光计必须具备以下 4 个主要部件：平行光管、望远镜、载物台以及读数装置。图 4-8 所示为实验所用分光计的结构示意图。各调节装置的名称及作用如表 4-5 所示。分光计的下部为一三脚底座，其中心有竖轴，称作分光计的中心轴，轴上装有可绕轴转动的望远镜和载物台，在一底脚的立柱上装有平行光管。

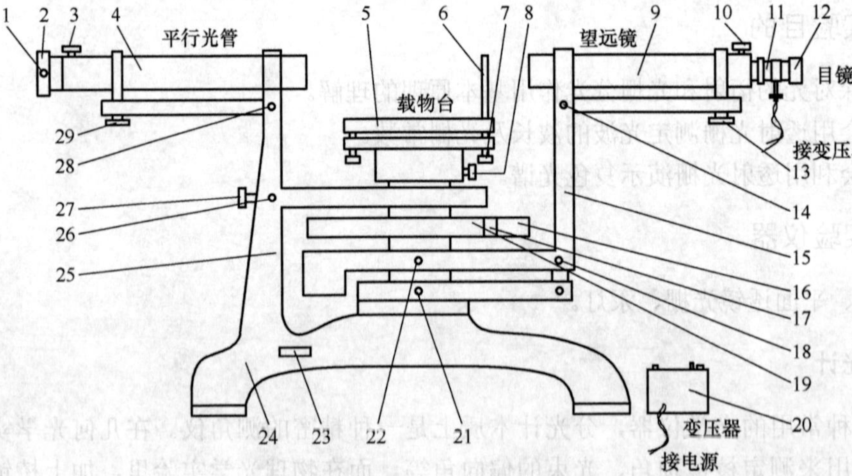

图 4-8　分光计结构

表 4-5　　　　　　　JJY 型分光计各调节装置的名称及作用

代号	名　　称	作　　用
1	狭缝宽度调节螺丝	调节狭缝宽度，改变入射光宽度
2	狭缝装置	
3	狭缝装置锁紧螺丝	松开时，前后拉动狭缝装置，调节平行光。调好后锁紧，用来固定狭缝装置
4	平行光管	产生平行光
5	载物台	放置光学元件
6	夹持待测物簧片	夹持载物台上的光学元件
7	载物台调节螺丝（3 只）	调节载物台台面水平
8	载物台锁紧螺丝	松开时，载物台可单独转动和升降；锁紧后，可使载物台与读数游标盘同步转动
9	望远镜	观测经光学元件作用后的光线
10	目镜装置锁紧螺丝	松开时，目镜装置可伸缩和转动（望远镜调焦）；锁紧后，固定目镜装置
11	阿贝式自准目镜装置	可伸缩和转动（望远镜调焦）
12	目镜调焦手轮	调节目镜焦距，使分划板、叉丝清晰
13	望远镜光轴仰角调节螺丝	调节望远镜的俯仰角度
14	望远镜光轴水平调节螺丝	调节该螺丝，可使望远镜在水平面内转动
15	望远镜支架	
16	游标盘	盘上对称设置两游标
17	游标	分成 30 小格，每一小格对应角度 1′
18	望远镜微调螺丝	该螺丝位于图 1 的反面。锁紧望远镜支架制动螺丝 21 后，调节螺丝 18，使望远镜支架作小幅度转动

续表

代号	名　称	作　用
19	刻度盘	分为 360°，最小刻度为半度（30′），小于半度则利用游标读数
20	目镜照明电源	打开该电源 20，从目镜中可看到一绿斑及黑十字
21	望远镜支架制动螺丝	该螺丝位于图 1 的反面。锁紧后，只能用望远镜微调螺丝 18 使望远镜支架作小幅度转动
22	望远镜支架与刻度盘锁紧螺丝	锁紧后，望远镜与刻度盘同步转动
23	分光计电源插座	
24	分光计底座	
25	平行光管支架	
26	游标盘微调螺丝	锁紧游标盘制动螺丝 27 后，调节螺丝 26 可使游标盘作小幅度转动
27	游标盘制动螺丝	锁紧后，只能用游标盘微调螺丝 26 使游标盘小幅度转动
28	平行光管光轴水平调节螺丝	调节该螺丝，可使平行光管在水平面内转动
29	平行光管光轴仰角调节螺丝	调节平行光管的俯仰角

（3）分光计主要部件功能。

① 平行光管（4）的作用是产生平行光。其圆柱形筒的一端装有一个可伸缩的套筒，套筒的末端有一狭缝，筒的另一端装有消色差透镜组。使套筒及狭缝装置伸缩，当狭缝其恰位于透镜的焦平面上时，就有平行光从平行光管出射。可通过调节平行光管光轴水平调整螺丝（28）和平行光管光轴仰角调节螺丝（29）来改变平行光管光轴的方向，通过调节狭缝宽度调节螺丝（1）改变狭缝宽度，改变入射光束宽度。

② 望远镜（9）是由物镜、自准目镜和测量用十字刻度线所组成的一个圆筒，用来观察及定位被测光线。本实验中所用分光计带有阿贝式自准目镜，其结构如图 4-9 所示。照明小灯泡的光自筒侧进入，经小三棱镜反射后照亮分划板上的下半部十字刻度线。十字刻度线方向、目镜及物镜间的距离皆可调，当叉丝位于物镜焦平面上时，叉丝发出的光经物镜后成为平行光。该平行光由平面镜反射后，再由物镜聚焦在分划板平面上，形成十字叉丝绿色的像。

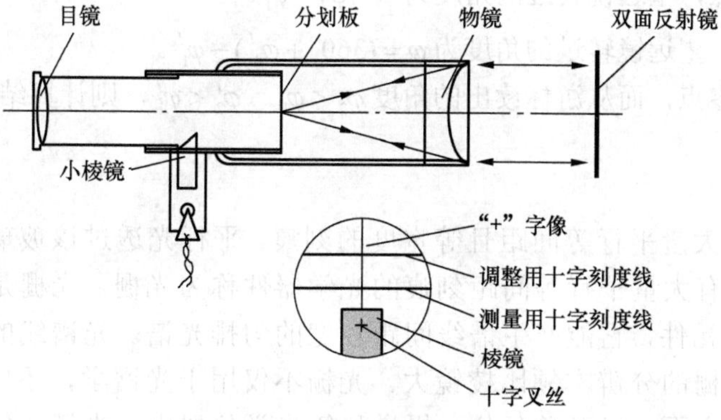

图 4-9　分光计上望远镜的结构

望远镜调好后，在目镜中可同时看清十字刻度线和叉丝的十字像，且两者间在视野中重合。另外，可通过调节望远镜光轴仰角调节螺丝（13）及望远镜光轴水平调节螺丝（14）改变望远镜光轴的方向。

③ 载物台（5）用来放置待测件。可用台面下方装有的 3 个细螺丝（7）来调整台面的倾斜度。松开螺丝（8）可使载物台升降和转动。

④ 读数装置由游标盘（16）、游标（17）和刻度盘（19）组成，读数方法与游标卡尺相似。由于制造上的原因，分光计的主轴可能不在分度盘的圆心上而略偏离分度盘圆心。因此，望远镜绕过的真实角度与分度盘上反映出来的角度之间存在偏差，为一种系统误差，这种偏差叫偏心差。为了消除刻度盘与分光计中心轴线之间的偏心差，分光计刻度盘同一直径的两端各设有一个游标。测量时，两个游标读数都应读出，然后计算每个游标两次读数的差值后取平均值，此平均值可当做载物台（或望远镜）转过的角度，这样，偏心差便可消除。望远镜的方位角是由两个游标读数共同来决定的。例如：载物台（或望远镜）由位置 1 转到位置 2 时，两游标的读数如表 4-6 所示。

表 4-6　　载物台位置

载物台位置	1	2
游标 1	φ_1	φ_2
游标 2	φ_1'	φ_2'

载物台（或望远镜）转过的角度为 $\varphi=\frac{1}{2}[(\varphi_2-\varphi_1)+(\varphi_2'-\varphi_1')]$。

另外，计算望远镜转过的角度时，望远镜转动过程中要注意游标是否经过刻度盘的零点。例如：载物台（或望远镜）由位置 1 转到位置 2 时，两游标的读数如表 4-7 所示。

表 4-7　　载物台位置

载物台位置	1	2
游标 1	φ_1	φ_2
游标 2	φ_1'	φ_2'

游标未经过零点，望远镜转过的角度为 $\varphi=\varphi_2-\varphi_1$。

游标经过零点，望远镜转过的角度为 $\varphi=(360^\circ+\varphi_2')-\varphi_1'$。

若游标未经过零点，而从游标读出的角度 $\varphi_2<\varphi_1$，$\varphi_2'<\varphi_1'$，则计算结果应取绝对值。

2．光栅

若玻璃上刻有大量平行等间距且等宽度的刻痕，平行光透过该玻璃时会具有特殊的衍射现象。这种刻有大量平行等间距刻痕的光学器件称为光栅。光栅是根据多缝衍射原理制成的一种光学元件，它能产生谱线间距较宽的匀排光谱。光谱线的亮度较之用棱镜分光时小些，但光栅的分辨本领比棱镜大。光栅不仅用于光谱学，还广泛用于计量、光通信、信息处理等方面，以及单色仪、摄谱仪等光学仪器中。光栅在结构上分为平面光栅、阶梯光栅和凹面光栅等几种。从光的传播过程角度讲，光栅又可分为透射式光栅和反射式光栅两种。

透射式光栅是在光学玻璃片上刻有大量相互平行、等宽和等间距的刻痕而成的。当光照射在光栅面上时，刻痕处不透光，光线能够透过没有刻痕的地方。因此光栅实际上是一组密集、均匀而又平行的狭缝。常见的光栅在很窄的宽度往往可以刻有很多条刻痕，如在 1mm 的宽度里有几百甚至上千条刻痕。

3．汞灯

和钠灯一样，实验室常用汞灯作为光源，按其气压的高低，汞灯可分为低压汞灯、高压汞灯和超高压汞灯。其中，低压汞灯最为常用，其电源电压与管端工作电压分别为 220V 和 20V。使用汞灯时，灯管必须与一定规格的镇流器（限流器）串联后才能接到电源上，以稳定工作电流。汞灯点燃后一般要预热 3～4 分钟后才能正常工作，熄灭后也需冷却 3～4 分钟，方可重新开启。

三、实验原理

当光束垂直入射到透射光栅上时，每条透光的部分都相当于一个狭缝。光栅衍射是衍射和干涉同时作用的结果。因为光透过这些狭缝时将会发生衍射，并通过透镜在前方的屏幕上产生衍射条纹；与此同时，来自不同狭缝的光也会发生相干叠加。

如图 4-10 所示，设 S 为位于透镜 L_1 第一焦平面上的细长狭缝，G 为光栅，光栅的狭缝宽度为 a，相邻狭缝间不透明部分的宽度为 b，自 L_1 射出的平行光垂直照射在光栅上。透镜 L_2 将与光栅法线成 θ 角的衍射光汇聚于其第二焦平面上的 P_θ 点。由夫朗禾费衍射条件可知，产生衍射亮条纹的条件

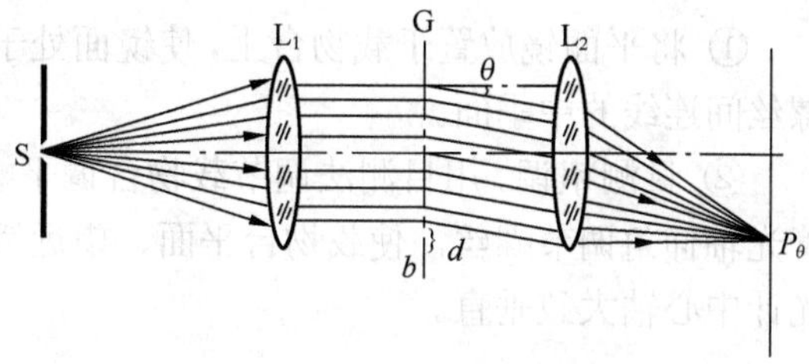

图 4-10 光栅

$$(a+b)\sin\theta = \pm k\lambda \qquad (k = 0,1,2,3,\cdots) \tag{4-5}$$

式（4-5）称为光栅方程。式中，θ 角为衍射角，λ 为光波波长，k 为光谱级数，$(a+b)$ 叫做光栅常数，通常情况下，可令 $(a+b)=d$。因为衍射亮条纹是一系列锐细的亮线，所以又称为光谱线。

$k=0$ 时，任何波长的光均满足式（4-5），亦即在 $\theta=0$ 方向上，各种波长的光谱线重叠在一起，形成明亮的零级条纹光谱。对于 k 的其他数值，由于 θ 的值不同，所以不同波长的光谱线出现在不同的方向上，而与 k 的正、负相对应的两组光谱，则对称地分布于零级光谱两侧。若已知光栅常数 d，在实验中测定了某谱线的衍射角 θ 和对应的光谱级数 k，则可由式（4-5）求出该谱线的波长 λ；反之，若波长 λ 已知，则可求出光栅常数 d。

四、实验内容

1．分光计的调整

（1）调整要求。

① 使望远镜聚焦平行光，且其光轴与分光计的中心轴垂直。

② 使平行光管能发出平行光，且其光轴与分光计的中心轴垂直。

③ 使载物台平面与分光计的中心轴垂直。

（2）望远镜调节。

① 目镜调焦。目镜调焦的目的是使眼睛通过目镜能很清楚地看到目镜中分划板上的刻线和叉丝。调焦方法为，接通仪器电源，把目镜调焦手轮旋出，然后一边旋进一边从目镜中观察，直到分划板刻线成像清晰，再慢慢地旋出手轮，至目镜中刻线的清晰度达到将被破坏的临界情况为止。旋转目镜装置，使分划板刻线水平或垂直。

② 望远镜调焦。望远镜调焦的目的是将分划板上十字叉丝调整在焦平面上，即望远镜对无穷远处聚焦。其方法如下，将双面反射平面镜紧贴望远镜镜筒，从目镜中观察，找到从平面镜反射回来的光斑，前后移动目镜装置，对望远镜调焦，使绿十字叉丝成清晰像。往复移动目镜装置，使十字叉丝绿色像与分划板上十字刻度线无视差，最后锁紧目镜装置锁紧螺丝。

（3）调节望远镜光轴垂直于分光计中心轴（各调一半法）。

调节如图 4-11 所示的载物台调平螺丝 b 和 c，以及望远镜光轴仰角调节螺丝，使分别从平面镜的两个面反射的十字叉丝绿色像皆与分划板上方的十字刻度线重合，如图 4-12（a）所示。此时望远镜光轴就垂直于分光计中心轴。具体调节方法如下。

① 将平面镜放置于载物台上，使镜面处于任意两个载物台调平螺丝间连线的中垂面。

② 目测粗调。用目测法调节载物台调平螺丝及望远镜、平行光管光轴仰角调节螺丝，使载物台平面、望远镜、平行光管光轴与分光计中心轴大致垂直。

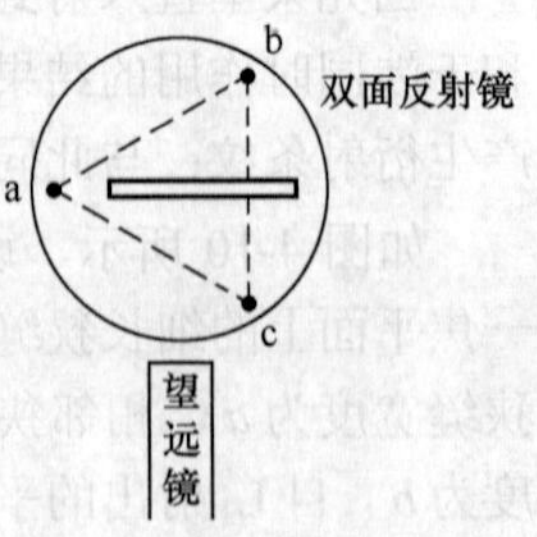

图 4-11 目测粗调

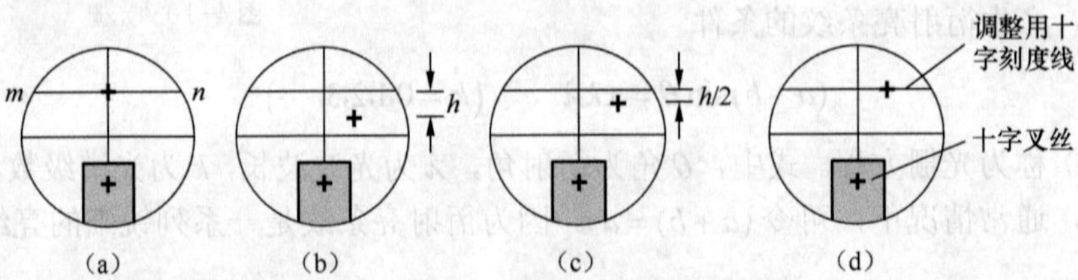

图 4-12 各调一半法

由于望远镜视野很小，观察的范围有限，要从望远镜中观察到由平面镜反射的光线，应首先保证该反射光线能进入望远镜。因此，应先在望远镜外找到该反射光线。转动载物台，使望远镜光轴与平面镜的法线成一小角度，眼睛在望远镜外侧旁观察平面镜，找到由平面镜反射的十字叉丝绿色像，并调节望远镜光轴仰角调节螺丝及载物台调平螺丝 b 和 c，使得从平面镜的两个镜面反射的十字叉丝绿色像的位置与望远镜处于同一水平状态。

③ 从望远镜中观察。转动载物台，使平面镜反射的光线进入望远镜内。此时，在望远镜内出现清晰的十字叉丝绿色像，但该像一般不在图 4-12（a）所示的准确位置，而与分划板上方的十字刻度线有着一定的高度差，如图 4-12（b）所示。调节望远镜光轴仰角调节螺丝，使高度差 h 减小一半，如图 4-12（c）所示。再调节载物台调平螺丝 b 或 c，使高度差全部消除，如图 4-12（d）所示。调节光轴水平调节螺丝，将十字叉丝调到准确位置。

④ 旋转载物台，使平面镜转过 180°，则望远镜中所看到的十字叉丝绿色像可能又不在

准确位置，重复上面所述的各调一半方法，使十字叉丝绿色像位于望远镜分划板上方的十字刻度线的准确位置上。

⑤ 重复上述步骤，使经平面镜两个面反射的十字叉丝绿色像均位于望远镜分划板上方的十字刻度线的准确位置上。

至此，望远镜的光轴已与分光计中心轴完全垂直。此后，望远镜光轴仰角调节螺丝不能再任意调节！

（4）调整平行光管。

① 去掉平面镜，打开汞灯光源。

② 打开狭缝，松开狭缝锁紧螺丝。从望远镜中观察，同时前后移动狭缝装置，直至狭缝成像清晰为止。然后调整狭缝宽度为 1mm 左右（用狭缝宽度调节手轮调节）。

③ 调节平行光管的倾斜度。将狭缝转至水平，调节平行光管光轴仰角调节螺丝，使狭缝像与望远镜分划板的中心横线重合。然后将狭缝转至竖直方向，使之与分划板十字刻度线的竖线重合，并无视差。最后锁紧狭缝装置锁紧螺丝，此时平行光管出射平行光，并且平行光管光轴与望远镜光轴重合。此后，平行光管不能再任意调节！

至此分光计调整完毕。

2. 待测件的调整

调整要求：光栅刻线与分光计主轴平行；光栅平面与平行光管的光轴垂直。

（1）用光栅的正、反两面分别代替双面反射平面镜来调整分光计，使望远镜聚焦于无穷远和望远镜的光轴与分光计的主轴垂直。把光栅按图 4-13 所示置于载物台上，旋转载物台，并调节平台倾斜螺丝，使望远镜筒中从光栅面反射回来的绿色亮十字像与分划板上方的十字叉丝重合且无视差。再将载物台连同光栅转过 180°，重复以上操作，如此反复数次，使绿色亮十字像始终和分划板上方十字叉丝重合。

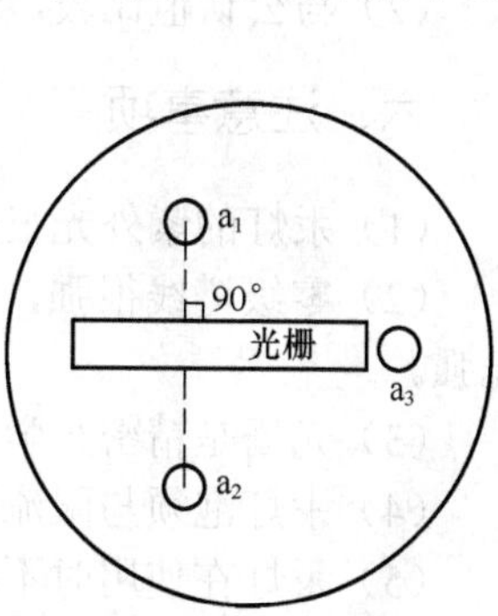

图 4-13 光栅位置

（2）点燃汞灯，将平行光管的竖直狭缝均匀照亮，调节平行光管的狭缝宽度，使望远镜中分划板上的中央竖直准线对准狭缝像。转动望远镜筒，在光栅法线两侧观察各级衍射光谱，调节平台的 3 个支撑螺钉 a_1、a_2 和 a_3，使各级光谱线等高。在调整前可先做定性观察。如果光栅刻线与分光计主轴不平行，将会发现衍射光谱的分布是倾斜的，并且倾斜方向垂直于光栅刻痕的方向，但谱线本身仍平行于狭缝。这显然会影响 θ_k 的测量。此时，可以通过调整载物平台，使光栅刻痕平行于分光计主轴。为调节方便，放置光栅时应使光栅平面垂直于载物平台的两个水平调节螺钉的连线。

式（4-5）成立的条件是平行光垂直入射于光栅平面，为了获得满意的实验结果，应该仔细调节光栅的位置。调节方法是：先将望远镜的叉丝对准零级谱线的中心，从刻度盘读出入射光的方位，再测出在零级谱线两侧的一对相同级次的同色谱线的方位，分别算出它们与入射光的夹角，若二者之差不超过 2′，就可以认为光线是垂直入射了。这时，光栅的刻纹平行于仪器的主轴。固定载物平台，在整个测量过程中载物平台及其上面的光栅位置不可再变动。

3. 光栅位置的调节及光谱观察

左右转动望远镜仔细观察谱线的分布规律。在谱线中，中央为零级条纹，为白色，其两旁各有两级紫、蓝、绿、黄的谱线。

4. 求d和λ

已知绿线的波长为$\lambda = 546.1\text{nm}$。

（1）从光栅的零级光谱条纹起，沿某一方向转动望远镜筒，使望远镜中叉丝依次观察到第一、二级衍射光谱中的各级谱线，但此时不作记录。转过二级衍射线后，再反向转动望远镜，与第二、第一级衍射光谱中的各级谱线重合，并记录与每一谱线对应的两角坐标。然后转动望远镜经过零级条纹，记录另一侧各级谱线对应的两角坐标。对应同一谱线的两次角坐标之差，即为该谱线衍射角θ的两倍。如此操作是为了消除螺距差。

（2）重复上述步骤3次，由式（4-5）求出角宽度2θ及其平均值。

（3）选用已知波长的绿线的k级条纹的衍射角θ_k，便可求出光栅常数d。

（4）用已求出的光栅常数d测定汞光谱的两条黄线和一条紫线的波长。

五、数据处理

（1）以汞灯绿谱线的波长（$\lambda = 546.1\text{nm}$）为已知，将实验中所测绿谱线的衍射角θ_k代入式（4-5），并取$k=1$，求出光栅常数d。然后由其他谱线衍射角θ和求得的光栅常数d算出相应的波长。

（2）与公认值比较，计算其测量误差。

六、注意事项

（1）汞灯的紫外光很强，不可直视，以免灼伤眼睛。

（2）零级谱线很强，长时间观察会伤害眼睛，观察时必须在狭缝前加一两层白纸以减弱光强。

（3）光栅是精密光学器件，严禁用手触摸刻痕，以免弄脏或损坏。

（4）汞灯泡须与限流器串接使用，不可直接与220V电源相联，否则立即烧毁。

（5）汞灯在使用时不要频繁启闭，否则会降低其寿命。

（6）汞灯光谱主要包括7种可见的单色光，其波长分别是：612.35nm（橙）、579.07nm、576.96nm（黄）、546.07nm（绿）、491.60nm（蓝绿）、435.84nm（蓝紫）和404.66nm（紫）。

七、思考题

（1）本实验对分光计的调整有何特殊要求？如何调节才能满足测量要求？

（2）分析光栅和棱镜分光的主要区别。

（3）如果光波波长都是未知的，能否用光栅测其波长？

（4）光栅光谱和棱镜光谱有哪些不同之处？

（5）利用本实验的装置怎样测定光栅常数呢？

（6）当用钠光（波长$\lambda = 589.0\text{nm}$）垂直入射到1mm内有500条刻痕的平面透射光栅上时，试问最多能看到第几级光谱？并请说明理由。

（7）当狭缝太宽、太窄时将会出现什么现象？为什么？

实验三 牛顿环测量平凸透镜的曲率半径

一、实验目的

- 观察劈尖和牛顿环产生的等厚干涉条纹，了解劈尖干涉的特点。
- 掌握测量平凸透镜曲率半径和待测物微小厚度的方法。
- 掌握读数显微镜的原理和使用。

二、实验仪器

JXD-B 型读数显微镜、牛顿环装置、钠光灯。

1. JXD-B 型读数显微镜

读数显微镜是用于精确测量长度的专用显微镜，其形式比较多，物理实验室常用的是 JXD-B 型读数显微镜，如图 4-14 所示。

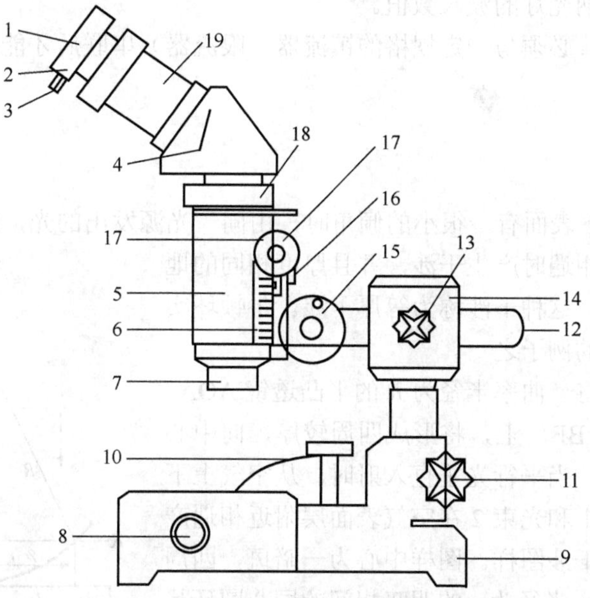

图 4-14 JXD-B 型读数显微镜

1-目镜 2-目镜座 3-锁紧螺钉 4-棱镜盒 5-镜管 6-标尺 7-物镜 8-反光镜小手轮 9-底座 10-压片 11-大手柄 12-支杆 13-小手柄 14-十字孔支架 15-鼓轮 16-指标 17-手轮 18-锁紧手轮 19-目镜管

2. 牛顿环装置

牛顿环装置由曲率半径为 1m 左右的待测平凸透镜 L 和磨光的平玻璃板 P 叠合装在金属框架 F 中构成，如图 4-15 所示。框架边上有 3 个螺旋 H，用来调节 L 和 P 之间的接触，以改变干涉条纹的形状和位置。调节螺旋 H 时，不可旋的过紧，以免接触压力过大损坏透镜。

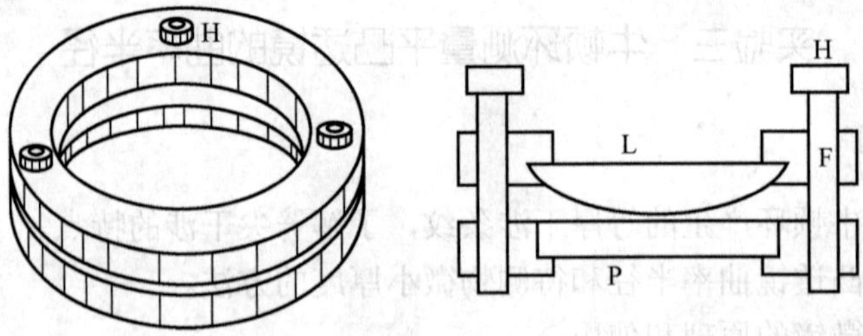

图 4-15　牛顿环

3．钠灯

实验室常用钠灯作为单色光源，它的工作原理是以金属钠的蒸汽在强电场中产生的游离放电现象为基础的弧光放电灯。

在额定电压 220V，当钠灯灯管壁温度升至 260℃时，管内钠蒸汽压发出波长为 589.0nm 和 589.6nm 的两种单色黄光最强，可达 85%，因此，在一般应用时取 589.0nm 和 589.6nm 的平均值 589.3nm 作为钠光灯的波长数值。

使用钠灯时，灯管必须与一定规格的镇流器（限流器）串联后才能接到电源上去，以稳定工作电流。

三、实验原理

当薄膜层的上、下表面有一很小的倾角时，由同一光源发出的光，经薄膜的上、下表面反射后在上表面附近相遇时产生干涉，并且厚度相同的地方形成同一干涉条纹，这种干涉称为等厚干涉。牛顿环实验是等厚干涉最典型的例子之一。

如图 4-16 所示，将一曲率半径为 R 的平凸透镜 AOA′ 放在一个平面玻璃片 BB′ 上，将形成四周较厚，向中心逐渐变薄的空气薄层。当平行光垂直入射时，从空气上下两个表面反射的光束 1 和光束 2 在空气表面层附近相遇产生干涉，可以观测到干涉图样。图样中心为一暗斑，四周是以接触点 O 为中心，半径为 r 的明暗相间的同心圆环状条纹。所产生的环状条纹是由于干涉形成的，称为**牛顿环**。在干涉条纹上，光程差相等处，r、h、R 三者关系为

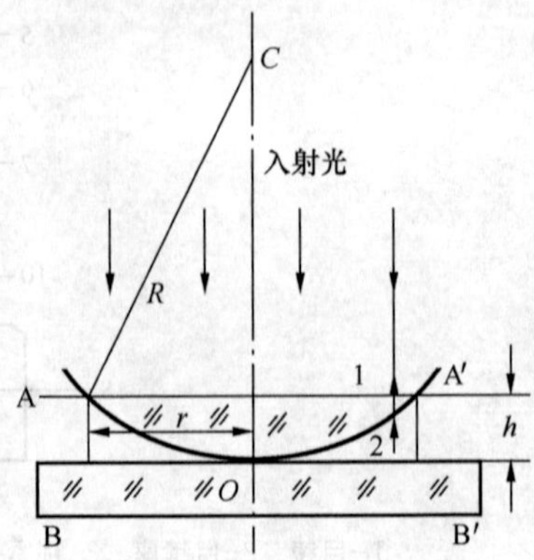

图 4-16　牛顿环实验光路图

$$(R-h)^2+r^2=R^2$$

由于空气厚度 h 通常远远小于平凸透镜曲率半径 R，所以可将上式展开，略去其中高阶小量，可得

$$h=r^2/2R$$

此时光程差 $\delta=2h-\dfrac{\lambda}{2}$，即

$$\delta=\frac{r^2}{R}-\frac{\lambda}{2} \tag{4-6}$$

式中，δ 为进入透镜的两束光（光束1先由透镜凸面反射回去，光束2穿过透镜进入空气膜后，由平面玻璃板反射）形成的光程差，其中 $\frac{\lambda}{2}$ 为附加光程差，俗称半波损失。

对应第 k 级亮条纹，有

$$\frac{r_k^2}{R}-\frac{\lambda}{2}=2k\cdot\frac{\lambda}{2}\quad(k=0,1,2,\cdots) \tag{4-7a}$$

对应第 k 级暗条纹，有

$$\frac{r_k^2}{R}-\frac{\lambda}{2}=(2k-1)\cdot\frac{\lambda}{2}\quad(k=0,1,2,\cdots) \tag{4-7b}$$

以中心暗环为准，则有 $r_k^2=k\cdot\lambda\cdot R$，可得

$$R=\frac{r_k^2}{k\cdot\lambda} \tag{4-8}$$

因此，测出条纹的半径 r，依式（4-8）便可计算出平凸透镜的半径 R。

四、实验内容

1．观察牛顿环

（1）接通钠光灯电源使灯管预热。

（2）调整牛顿环装置的3个调节螺丝，在自然光照射下能观察到牛顿环的干涉图样，并将干涉条纹的中心移到牛顿环装置的中心附近。调节螺丝不能太紧，以免损坏牛顿环装置。

（3）将牛顿环装置放置在读数显微镜筒下，镜筒置于读数标尺中央约25mm处。

（4）待钠光灯正常发光后，调节读数显微镜下底座平台高度（底座可升降），使45°玻璃片正对钠灯窗口，并且等高。

（5）在目镜中观察从空气层反射回来的光，整个视场应较亮，颜色呈钠光的黄色，如果看不到光斑，可适当调节45°玻璃片的倾斜度（一般实验室事先已调节好，不可随意调节）及平台高度，直至看到反射光斑，并均匀照亮视场（注意：显微镜底座的反射镜不能有向上的反射光）。

（6）调节目镜，在目镜中看到清晰的十字准线的像。

（7）转动物镜调节手轮，调节显微镜镜筒与牛顿环装置之间的距离。先将镜筒下降，使45°玻璃片接近牛顿环装置但不能碰上，然后缓慢上升，直至在目镜中看到清晰的十字准线和牛顿环像。

（8）移动牛顿环装置，使中心暗斑（或亮斑）位于视域中心，调节目镜系统，使叉丝横丝与读数显微镜的标尺平行，消除视差。平移读数显微镜，观察待测的各环左右是否都在读数显微镜的读数范围之内。

2．测量 5～35 环的直径

（1）粗调仪器，移动牛顿环装置，使十字准线的交点与牛顿环中心重合。

（2）放松目镜紧固螺丝（该螺丝应始终对准槽口），转动目镜使十字准线中的一条线与标尺平行，即与镜筒移动方向平行。

（3）转动读数显微镜读数鼓轮，镜筒将沿着标尺平行移动，检查十字准线中竖线与干涉环的切点是否与十字准线交点重合，若不重合，按步骤（1）、步骤（2）再仔细调节（检查左右两侧测量区域）。

（4）把十字准线移到测量区域中央，仔细调节目镜及镜筒的焦距，使十字准线像与牛顿环像无视差。

（5）转动读数鼓轮，观察十字准线从中央缓慢向左（或向右）移至 40 环，然后反方向自 40 环向右（或向左）移动，当十字准线竖线与 35 环外侧相切时，记录读数显微镜上的位置读数 x_{35} 然后继续转动鼓轮，使竖线依次与 30、25、20、15、10、5 环外侧相切，并记录读数。过了 5 环后继续转动鼓轮，注意读出环的顺序，直到十字准线回到牛顿环中心，并核对该中心是否是 $k=0$ 。

（6）继续按原方向转动读数鼓轮，越过干涉圆环中心，记录十字准线与右边（或左边）第 5、第 10、第 15、第 20、第 25、第 30、第 35 环外切时的读数，注意从一侧 40 环移到另一侧 40 环的过程中鼓轮不能倒转。然后再反向转动鼓轮，并读出反向移动时各暗环次序，并核对十字准线回到牛顿环中心时是否是 $k=0$ 。

（7）按上述步骤重复测量 3 次，将暗环位置的读数填入自拟表中。

五、数据表格及数据处理

1．数据处理方法

如图 4-17 所示，因圆心处 O 的位置无法精确确定，故先测出 OL_n、…、OL_3、OL_2、OL_1 之间的距离，再读出 OL_1' 、OL_2' 、…、OL_n'，其中 OL_1-OL_1' 为 k_1 级的圆环弦长 D_1。同理可得 k_2 、k_3 、…、k_n 的圆环弦长 D_2、D_3、…、D_n。采用多项逐差法处理数据。

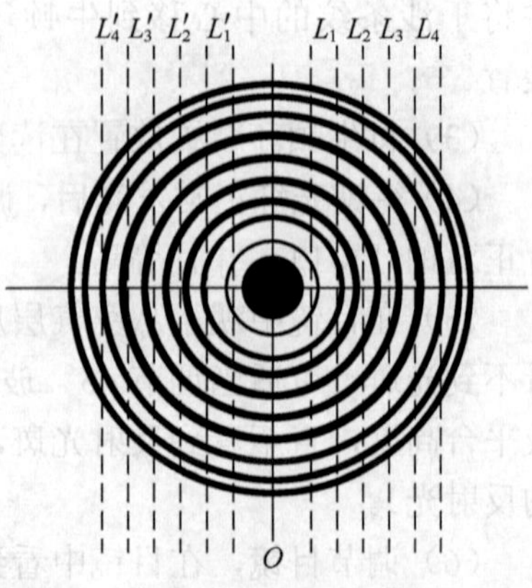

图 4-17 牛顿环

首先把实验测得 D_k 的数据分为 A、B 两组。

（1）A 组：D_1，D_2，D_3，…，D_n，…，D_p 。

（2）B 组：D_{p+1}，D_{p+2}，D_{p+3}，…，D_m，…，D_{2p}。

于是可将式（4-8）改写为 $R=\dfrac{D_k^2}{4k\lambda}$

得

$$D_n^2=4n\lambda R \tag{4-9}$$

$$D_m^2=4m\lambda R \tag{4-10}$$

将式（4-9）和式（4-10）两式相减得

$$R=\frac{D_m^2-D_n^2}{4(m-n)\lambda} \tag{4-11}$$

式（4-11）中，D_n、D_m为N、M两组中的对应项，且$m-n=p$（恒值）。

2. 数据处理步骤

下面以由一侧40环到另一侧40环的一次测量为例，介绍数据处理的步骤。

（1）列出原始测量数据。

（2）计算各环的弦长D_k，填入表4-8。

表4-8 $\boldsymbol{m-n=10}$，$\boldsymbol{\lambda=589.3\text{nm}}$，**仪器误差：0.001mm**

环数（mm）			D_m（mm）	环数（mm）			D_n（mm）	$D_m^2-D_n^2$（mm^2）	R_i（mm）	ΔR_i（mm）
m	左	右		n	左	右				
35				25						
30				20						
25				15						
20				10						
15				5						

（3）计算各环的弦长平方D_k^2，填入表4-8。

（4）求$D_m^2-D_n^2$。

（5）用式（4-11）求出R的值，并计算平均值$\overline{R}$。

确定平凸透镜凸面曲率半径的最佳值和不确定度ΔR。

曲率半径的最佳值：$\overline{\Delta D}=\dfrac{1}{5}\sum\limits_{i=1}^{5}\Delta D_i$，$\overline{R}=\dfrac{\overline{\Delta D}}{4(m-n)\lambda}$

$$s_{\Delta D}=\sqrt{\frac{\sum\limits_{i=1}^{5}\left(\Delta D_i-\overline{\Delta D}\right)^2}{5\times(5-1)}}\text{，}\quad u_{\Delta D}=0.001\,\text{mm}$$

$$\sigma_{\Delta D}=\sqrt{s_{\Delta D}^2+u_{\Delta D}^2}\text{，}\quad \sigma_R=\frac{\sigma_{\Delta D}}{4(m-n)\lambda}\text{，}\quad R=\overline{R}\pm\sigma_R$$

六、注意事项

（1）调节牛顿环时，螺旋不可旋得过紧，以免接触压力过大而损坏透镜。实验完毕应将牛顿环装置上的3个螺旋松开，以免牛顿环产生塑性形变。

（2）由于显微镜的移动也是靠测微螺旋丝杆的推动，因此，读数显微镜和测微目镜一样，为避免引进螺距差，采用单方向移动测量，移测时必须向同一方向旋转，中途不可倒退。

（3）使用完毕后，应将仪器归放在原仪器柜中，以免灰尘进入仪器。

（4）各种光学零件切勿随意拆动，以保持仪器的精度。

七、思考题

（1）透射光的牛顿环是如何形成的？如何观察？它与反射光的牛顿环在明暗上有何区别？为什么？

（2）用白光照射时能看到牛顿环干涉条纹吗？此时的条纹有何特征？

（3）实验中为什么要测量多组数据且采用多项逐差法处理数据？

（4）实验中如果用凹透镜代替凸透镜，所得数据有何异同？

（5）牛顿环的中心在什么情况下是暗的，在什么情况下是亮的？

（6）实验中为什么要以 $R=\dfrac{D_m^2-D_n^2}{4(m-n)\lambda}$ 测牛顿环弦长，而不以 $R=\dfrac{r_k^2}{p\lambda}$ 测半径计算 R？

实验四 光 的 偏 振

一、实验目的

- 了解并观察光的偏振现象。
- 了解产生与检验偏振光的元件和仪器。
- 掌握产生与检验偏振光的条件和方法。

二、实验仪器

光源（白炽灯或可见光激光器）、起偏器、检偏器、光屏或光功率指示器、$\lambda/4$ 波片。

三、实验原理

光波的电矢量$\overline{E}$和磁矢量$\overline{H}$相互垂直，且都垂直于光的传播方向$\overline{S}$（如图 4-18 所示）。通常用电矢量$\overline{E}$的方向代表光的振动方向，并将电矢量$\overline{E}$和光的传播方向$\overline{S}$所构成的平面称为光振动面。

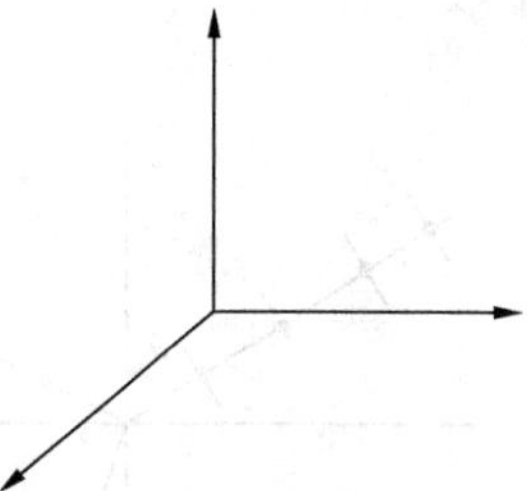

图 4-18 $\overline{E}$、$\overline{H}$、$\overline{S}$ 三者之间的关系

光的偏振现象证实了光的横波性。马吕斯（E.L.Malus）于 1808 年在实验中发现了光的偏振现象。光有 3 种偏振状态，即自然光、线偏振光和部分偏振光。光源发射的光是由大量分子或原子辐射构成的。单个原子或分子辐射的光是偏振的，由于大量原子或分子的热运动和辐射的随机性，它们所发射的光的振动面出现在各个方向的几率是相同的。一般说，在 10^{-6}s 内各个方向电矢量的时间平均值相等，故这种光源发射的光对外不显现偏振性，称为自然光（如图 4-19（b）所示）；在传播过程中，电矢量的振动方向始终在某一确定方向的光称为平面偏振光或线偏振光（如图 4-19（a）所示）；在发光过程中，有些光的振动面在某个特定方向上出现的几率大于其他方向，即在较长时间内电矢量在某一方向上较强，这样的光称为部分偏振光（如图 4-19（c）所示）。

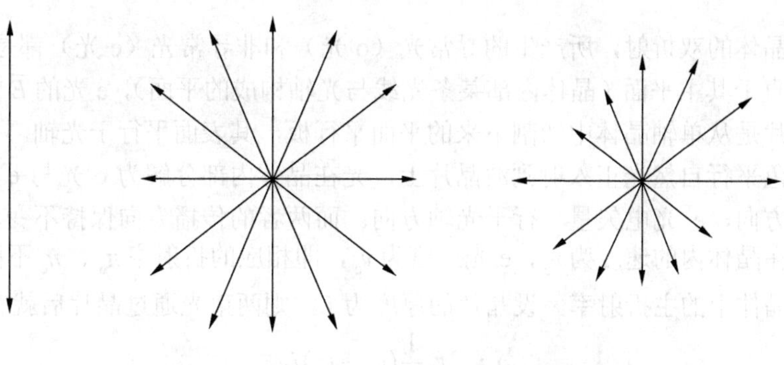

(a)　(b)　(c)

图 4-19 线偏振光、自然光及部分偏振光

本实验中主要考察的是光的各种偏振态的改变。

1．自然光变为线偏振光

一束自然光入射到介质的表面，其反射光和折射光一般是部分偏振光。当入射角为布儒斯特角 θ_b 时，反射光成为线偏振光，其电矢量振动方向垂直于入射面。若光是由空气（折射率为 n_1）入射到折射率为 n_2 玻璃平面上（如图 4-20 所示），则

$$\tan\theta_b = \frac{n_2}{n_1} \tag{4-12}$$

若入射光以布儒斯特角 θ_b 射到多层平行玻璃片上，经多次反射最后透射出来的光也就接近于线偏振光，其振动面平行于入射面。由多层玻璃片组成的这种透射起偏器又称为玻璃片堆（如图 4-21 所示）。

偏振片用特殊物质（如硫酸金鸡钠碱）制成，使其能够对某一方向的光振动产生强烈的吸收，而让与之相垂直方向的振动最大限度的透过。通常把偏振片透光的方向称为偏振片的偏振化方向或透振方向。

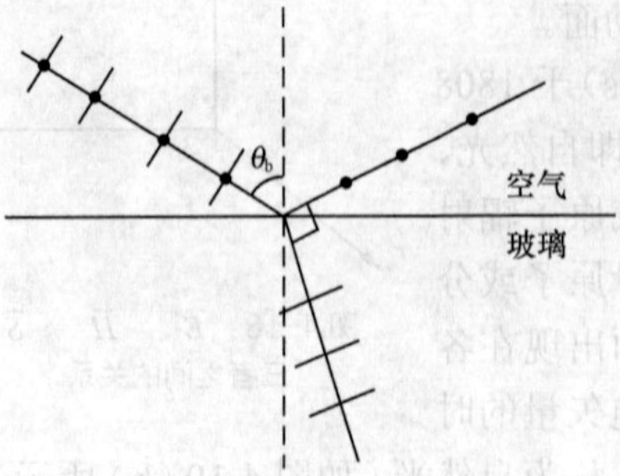

图 4-20　用玻璃片产生反射全偏振光

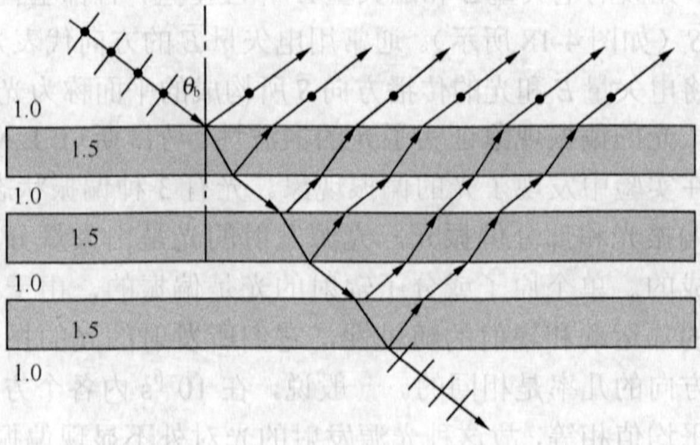

图 4-21　用玻璃片堆产生线偏振光

自然光经过偏振片后，其透射光基本上变为线偏振光。入射光波中，电矢量 $\vec{E}$ 垂直于偏振片透光方向振动的分量被强烈吸收，而 $\vec{E}$ 平行于透光方向振动的分量则吸收较少。

2．波晶片

利用单轴晶体的双折射，所产生的寻常光（o 光）和非寻常光（e 光）都是线偏振光。o 光的 $\vec{E}$ 方向垂直于其主平面（晶体内部某条光线与光轴构成的平面），e 光的 $\vec{E}$ 方向平行于其主平面。波晶片是从单轴晶体中切割下来的平面平行板，其表面平行于光轴。

当一束单色平行自然光正入射到波晶片上，光在晶体内部分解为 o 光与 e 光。o 光电矢量垂直于光轴方向，e 光电矢量平行于光轴方向。而两者的传播方向保持不变，仍都与界面垂直。但 o 光在晶体内的速度为 v_o，e 光速度为 v_e，即相应的折射率 n_o、n_e 不同。此时，n_e 称为 e 光在该晶体中的主折射率。设晶片的厚度为 L，则两束光通过晶片后就有相位差

$$\delta = 2\pi\frac{1}{\lambda}(n_o - n_e)L \tag{4-13}$$

式中，λ 为光波在真空中的波长。相位差 $\delta = 2k\pi$ 的晶片，称为全波片；$\delta = 2k\pi \pm \pi$ 时，为半波片；$\delta = 2k\pi \pm \dfrac{\pi}{2}$ 时，为四分之一波片。

3. 偏振光的检测

偏振片通常可用作起偏器和检偏器。鉴别光的偏振态的过程称为检偏，它所用的装置称为检偏器。实际上，起偏器和检偏器是通用的。用于起偏的偏振片称为起偏器，用于检偏的称为检偏器。

按照马吕斯定律，强度为 I_0 的线偏振光通过检偏器后，透射光的强度为

$$I = I_0 \cos^2 \theta \tag{4-14}$$

式中，θ 为入射光偏振方向与检偏器的偏振轴之间的夹角。显然，当以光线传播方向为轴转动检偏器时，透射光强度 I 将发生周期性变化。当 $\theta = 0$ 时，透射光强度为极大值；当 $\theta = \dfrac{\pi}{2}$ 时，透射光强度为极小值，我们称之为消光，此时出射光线接近于全暗；当 $0 < \theta < \dfrac{\pi}{2}$ 时，透射光强度 I 介于最大值和最小值之间。因此，根据透射光强度变化的情况，可以区别线偏振光、自然光和部分偏振光。图 4-22 表示自然光通过起偏器和检偏器的变化情况。

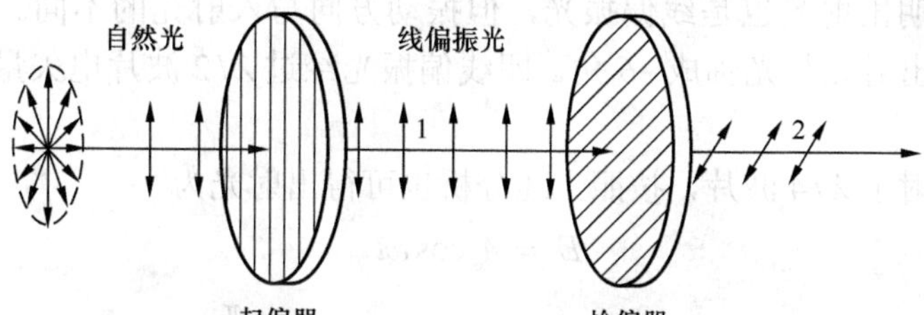

图 4-22 自然光通过起偏器和检偏器的变化

四、通过波晶片后光的偏振态的变化

平行光垂直入射到波晶片内，分解为 o 分量和 e 分量。透过波晶片，二者之间产生一附加相位差 δ'。离开波晶片时合成光波的偏振性质，决定于 δ' 及入射光的性质。

自然光通过波晶片后仍为自然光。因为自然光的两个正交分量之间的相位差是无规则的，通过波晶片，引入一恒定的相位差 δ'，其结果还是无规则的。

线偏振光通过波晶片，其电矢量 $\bar{E}$ 平行于 e 轴（或 o 轴），则任何波晶片对它都不起作用，出射光仍然为原来的线偏振光。因为这时只有一个分量，谈不上振动的合成与偏振态的改变。

除上述两种情况外，偏振光通过波晶片，一般其偏振态都要变化。我们可以通过其振动的合成来看其偏振态的变化情况。

如图 4-23 所示，当振幅为 A 的线偏振光垂直射到 $\lambda/2$ 波片，在其表面上分解为

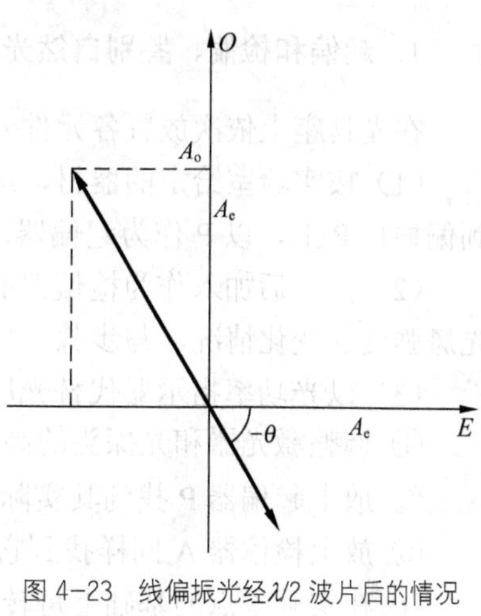

图 4-23 线偏振光经 $\lambda/2$ 波片后的情况

$$E_e = A_e \cos\omega t \tag{4-15}$$

$$E_o = A_o \cos(\omega t + \phi) \qquad (\phi = 0 \text{ 或} \pi) \tag{4-16}$$

出射光表示为

$$E_e = A_e \cos\left(\omega t - \frac{2\pi}{\lambda} n_e L\right) \tag{4-17}$$

$$E_o = A_o \cos\left(\omega t + \phi - \frac{2\pi}{\lambda} n_o L\right) \tag{4-18}$$

上式可以写为

$$E_e = A_e \cos\omega t \tag{4-19}$$

$$E_o = A_o \cos\left(\omega t + \phi - \frac{2\pi}{\lambda} n_o L + \frac{2\pi}{\lambda} n_e L\right) = A_o \cos(\omega t + \phi - \delta'),\ \ \delta' = \pi \tag{4-20}$$

出射光的两正交分量的相对应的相位差由 $\phi - \delta'$ 决定，现有

$$\phi - \delta' = \begin{cases} 0 - \pi = -\pi \\ \pi - \pi = 0 \end{cases} \tag{4-21}$$

式（4-21）说明出射光也是线偏振光，但振动方向与入射光的不同。若入射光与波晶片光轴成 θ 角，则出射光与光轴成 $-\theta$ 角。即线偏振光经过 $\lambda/2$ 波片电矢量振动方向转过了 2θ 角。

当偏振光正入射于 $\lambda/4$ 波片，按照上述分析也可得出射光为

$$E_e = A_e \cos\omega t \tag{4-22}$$

$$E_o = A_o \cos(\omega t + \phi - \delta'),\ \ \delta' = \pm\frac{\pi}{2} \tag{4-23}$$

当振幅为 A 的线偏振光保持振动方向与波片光轴成 θ 角，垂直射到 $\lambda/4$ 波片时，由于 e 光和 o 光的振幅分别为 $A\cos\theta$ 和 $A\sin\theta$，所以通过 $\lambda/4$ 波片后合成光的偏振态也将随角度 θ 的变化而不同。

五、实验内容

1. 起偏和检偏、鉴别自然光和偏振光、验证马吕斯定律

在光具座上依次放置各元件。

（1）按实验室给定的器材，选择并设计产生一束平行光的实验方案。使平行光束垂直射到偏振片 P 上，以 P 作为起偏器，旋转 P，观察并描述光屏 E 上光斑强度的变化情况。

（2）在 P 后加入作为检偏器的偏振片 A，固定 P 的方位，转动 A，观察、描述光屏 E 上光斑强度的变化情况，与步骤（1）所得的结果比较，并作出解释。

（3）以光功率指示器代替光屏接收 A 出射的光强，具体操作如下。

① 调整激光器和光探头的高度使激光射入光探头 ϕ6.0 孔。

② 放上起偏器 P 找到其实际零点（即光功率指示器数值最大的位置）。

③ 放上检偏器 A 同样找到它的实际零点（方法同上）。

④ 在实际零点的基础上每转过 10° 记录一次相应的光电流值，实验数据填入表 4-9 中。

表 4-9　光电流值

θ/（°）	0	10	20	30	40	50	60	70	80	90
P /(mW)										
$\cos^2\theta$										
θ/（°）	100	110	120	130	140	150	160	170	180	190
P /(mW)										
$\cos^2\theta$										
θ/（°）	200	210	220	230	240	250	260	270	280	290
P /(mW)										
$\cos^2\theta$										
θ/（°）	300	310	320	330	340	350	360			
P /(mW)										
$\cos^2\theta$										

在直角坐标纸上作 I 和 $\cos^2\theta$ 间的关系曲线，验证马吕斯定律。

（4）根据以上的观测结果，总结应当如何鉴别自然光和偏振光。

2．观察偏振光

（1）以可见激光器为光源垂直照射于一组相互正交的偏振片（P、A）上（即转动检偏器 A，直到其处于消光状态），在 P、A 间插入一 $\lambda/4$ 波片 C，观察并对比 $\lambda/4$ 波片插入前后，透过 A 的光强变化。

（2）保持正交偏振片 P 和 A 的取向不变，转动插入其间的 $\lambda/4$ 波片 C，使 C 的光轴与 P（或 A）偏振轴的夹角从 0 转到 2π，观测并描述夹角改变时透过 A 的光强度的变化情况，并做出解释。

（3）在步骤（2）中，再以使正交偏振片处于消光状态时 $\lambda/4$ 波片的光轴位置作为 0°线，转动 $\lambda/4$ 波片，使其光轴与 0°线的夹角依次为 30°、45°、60°、75°、90°等值，在取上述每一个角度时都将检偏器 A 转动一周（从 0 转到 90°），观察并描述从 A 透出的光的强度变化情形，然后作出解释。将以上观测的结果记录在表 4-10 中。并解释上述实验结果。

表 4-10　记录观测的结果

λ/4 片转动的角度	观察到的现象（功率指示器示数变化范围）	结论（是何种偏振光）
0°		
15°		
30°		
45°		
60°		
75°		
90°		

六、注意事项

（1）实验中所说的偏振片转 0°、10°、20° 等，指的是实际零点和在实际零点的基础上转动的角度并非刻度值。

（2）实验要求光垂直射入偏振片、波片。

（3）实验前要对功率指示器调零（即没有光进入光探头时，指示数应该为零，否则可转动调零旋钮使其为零）。

实验五　用旋光仪测旋光性溶液的浓度

一、实验目的

- 了解旋光仪的原理、构造及使用。
- 观察旋光物质的旋光现象。
- 学会用旋光仪测葡萄糖溶液的旋光率和浓度。

二、实验仪器

旋光仪、试管、葡萄糖溶液。

三、实验原理

旋光现象是阿喇果于 1811 年发现的一种偏振现象，其特征是当偏振光通过某些透明的介质时，偏振光的振动面将以光传播的方向为轴旋转一定的角度，具有这种特性的物质称为旋光物质。旋光仪是测定旋光物质旋光度的仪器，通过对旋光度的测定可确定物质的浓度、纯度、比重、含量等，广泛应用于石油、化工、制药、香料、制糖及食品、酿造等工业。本实验中旋光性物质为葡萄糖溶液。

如图 4-24（a）和（b）所示，单色偏振光通过液态旋光物质时，振动面的旋转角度 $\Delta\phi$ 与旋光物质的性质、液体厚度 L、液体浓度 c 有关，其关系为

$$\Delta\phi = \alpha cL \tag{4-24}$$

式中，$\Delta\phi$ 为用波长为 λ 的偏振光照射时测得的旋转角度，称为旋光度，单位为度（“°”）；α 为比例系数，称为物质的旋光率，数值上等于偏振光通过浓度为 $1kg/m^3$，厚度为 1m 的溶液后，振动面旋转的角度。旋光率 α 标志着溶质的特性，它与波长和温度都有关，并且当溶剂改变时，它也随之发生很复杂的变化。通常给出的某物质的 α 值，是钠光（λ=589.3nm）在 20℃时给出的。

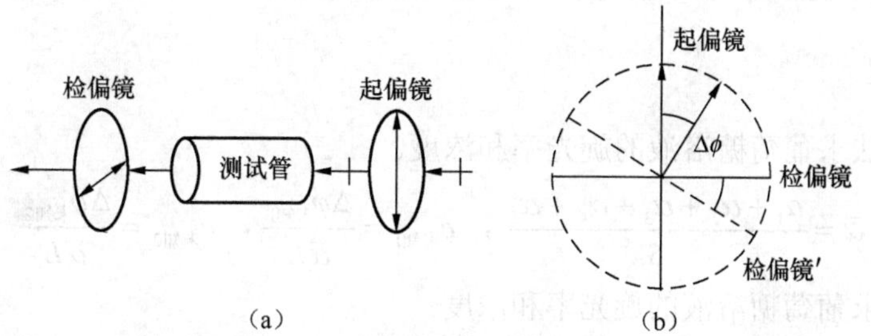

图 4-24　旋光现象

四、实验内容

（1）接通电源，开启开关，预热 5 分钟，待钠光灯发光正常后即可开始工作。

（2）转动手轮，在中间明或暗的 3 分视场时，调节目镜使中间明纹或暗纹边缘清晰。再转动手轮，观察视场亮度变化情况，从中辨别零度视场。

（3）仪器中不放试管，调节手轮找到零度视场，从左右两读数视窗分别读数，求二者平均值为一个测量值。转动手轮离开零度视场后再转回来读数，共测 3 次取平均值。则仪器的真正零点在其平均值 $\overline{\phi}_0$ 处。

（4）将装有已知浓度葡萄糖溶液的试管放入旋光仪，注意让气泡留在试管中间的凸起部分。转动手轮找到零度视场位置，记下左右视窗中的读数 $\phi_{左}$ 和 $\phi_{右}$。各测 3 次求其平均值 $\overline{\phi}$。则葡萄糖溶液的旋转角度为 $\Delta\overline{\phi}=\overline{\phi}-\overline{\phi}_0$。

（5）将装有未知浓度的葡萄糖溶液的试管放入旋光仪，重复步骤（4），测出其旋转角度。

（6）测试完毕，关闭开关，切断电源。

五、数据表格及数据处理

1．数据表格

本实验数据表格如表 4-11 所示。

表 4-11　测量葡萄糖溶液旋光度数据表

读数浓度/$kg\cdot m^{-3}$	实测 φ/°								$\overline{\phi}$/°	管长/m	$\Delta\phi$/°	α(°m^2/kg)
	左	右	左	右	左	右	左	右				
无试管零视场												
c_1												
c_2												
c_3												
c_4												
c_5												
$c_{未知1}$												
$c_{未知2}$												

2．数据处理

（1）平均值法求葡萄糖溶液的旋光率和浓度。

$$\overline{\alpha}=\frac{\alpha_1+\alpha_2+\alpha_3+\alpha_4+\alpha_5}{5},\quad c_{未知1}=\frac{\Delta\phi_{未知1}}{\overline{\alpha}L},\quad c_{未知2}=\frac{\Delta\phi_{未知2}}{\overline{\alpha}L}$$

（2）图示法求葡萄糖溶液的旋光率和浓度。

① 以 $\Delta\phi/L$ 为纵坐标，浓度 c 为横坐标作图，将 5 种已知溶液浓度溶液的 $\Delta\phi/L$、c 值标在图上，拟合直线，其斜率 k 即为葡萄糖溶液旋光率 α。

② 由 α 计算未知溶液浓度。

六、注意事项

（1）长试管长度 0.2m，短试管长度 0.1m。

（2）溶液应装满试管，不能有气泡。

（3）试管的两端经精密磨制，以保证其长度为确定值，使用时应十分小心，以防损坏试管。

七、思考题

（1）旋光角的大小与哪些因素有关？

（2）为什么要选择亮度相等的暗视场进行读数？

（3）为什么说用半荫法测定旋光度ϕ比单用两个尼科耳棱镜（或两块偏振片）时更方便、更准确？

八、附录

测量物质旋光度的装置称为旋光仪，其结构如图 4-25 所示。测量时，先将旋光仪中起偏器和检偏器的偏振轴调到相互正交，这时在目镜中看到最暗的视场。然后装上测试管，转动检偏器，使因振动面旋转而变亮的视场达到最暗，此时，检偏器的旋转角度即为所测溶液的旋光度。

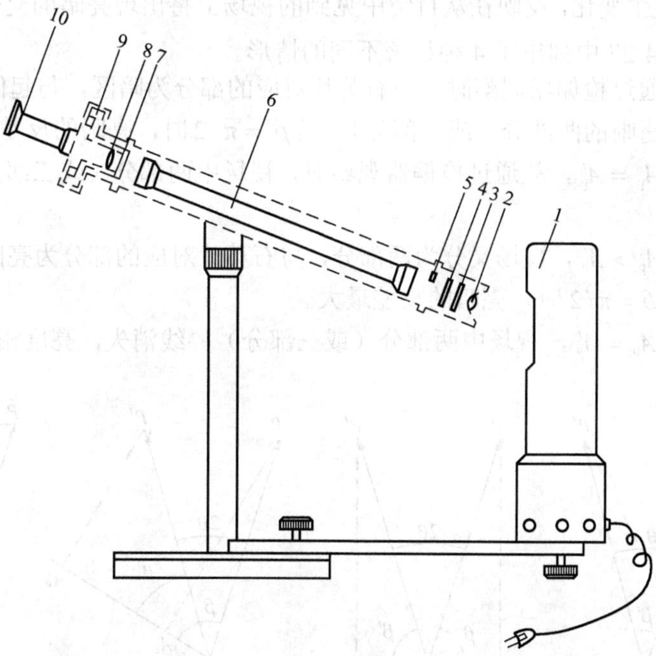

图 4-25　旋光仪示意图

1-光源　2-汇聚透镜　3-滤色片　4-起偏器　5-石英片　6-测试管　7-检偏器　8-望远镜物镜　9-刻度盘　10-望远镜目镜

读数装置由刻度盘和游标盘组成，其中刻度盘与检偏器连为一体，并在刻度盘调节手轮的驱动下可转动。刻度盘分为 360 个小格，每小格为 1°，小于 1° 由游标读数，游标上有 20 个格，每小格为 0.05°。为了避免刻度盘的偏心差，在游标盘上相隔 180° 对称地装有两个游标，测量时两个游标都读数，取其平均值。该旋光仪测量范围为 ±180°，钠光灯波长 $\lambda = 589.3\text{nm}$。

因为人的眼睛难以准确地判断视场是否最暗，故多采用半荫法，用比较视场中相邻两光束的强度是否相同来确定旋光度。在起偏器后再加一石英晶体片，此石英片和起偏器的一部分在视场中重叠。随石英片安放位置的不同，可将现场分为两部分，如图 4-26（a）所示或者三部分如图 4-26（b）所示。同时在石英片旁装上一定厚度的玻璃片，以补偿石英片产生的光强变化。取石英片的光轴平行于自身表面并与起偏器的偏振轴成一微小角度θ。由光源发出的光经起偏器后变成线偏振光，其中一部分光再经过石英片（其厚度恰使在石英片内分成的 e 光和 o 光的相位差为π的奇数倍，出射的合成光仍为线偏振光），其振动面相对于入射光的偏振面转过2θ，因此，进入测试管的光是振动面间的夹角为2θ的两束线偏振光。

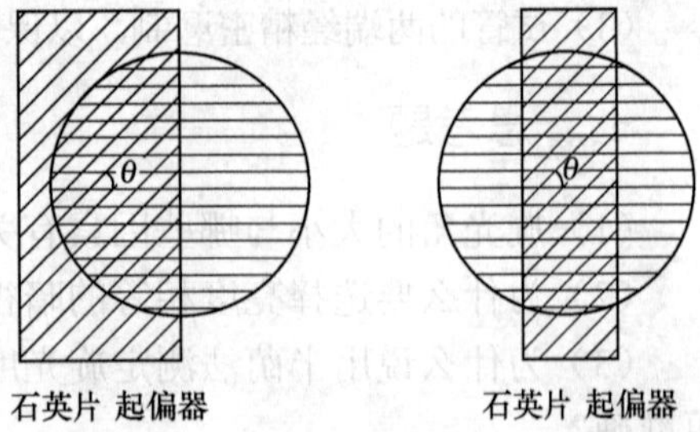

（a）两分视场　（b）三分视场

图 4-26　石英片的两种安装方式

在图 4-27 中，若以 OP 和 OA 分别表示起偏器和检偏器的偏振轴，OP' 表示透过石英片后偏振光的振动方向，β 表示 OP 与 OA 的夹角，β' 表示 OP' 与 OA 的夹角；再以 A_P 和 A'_P 分别表示通过起偏器和起偏器加石英片的偏振光在检偏器偏振轴方向的分量。当转动检偏器时，A_P 和 A'_P 的大小将发生变化，反映在从目镜中见到的视场上将出现亮暗的交替变化，如图 4-27 的下半部所示。图 4-27 中列出了 4 种显著不同的情形。

（1）$\beta' > \beta$，通过检偏器观察时，与石英片对应的部分为暗区，与起偏器对应的部分为亮区，视场被分为清晰的两部分（或三部分）。当 $\beta' = \pi/2$ 时，亮暗的反差最大。

（2）$\beta' = \beta$，$A_P = A'_P$，故通过检偏器观察时，视场中两部分（或三部分）界线消失，亮度相等，较暗。

（3）$\beta' > \beta$，$A_P > A'_P$，视场又分为两部分，与石英片对应的部分为亮区，与起偏器对应的部分为暗区。当 $\beta = \pi/2$ 时，亮暗的反差最大。

（4）$\beta' = \beta$，$A_P = A'_P$，视场中两部分（或三部分）界线消失，亮度相等，较亮。

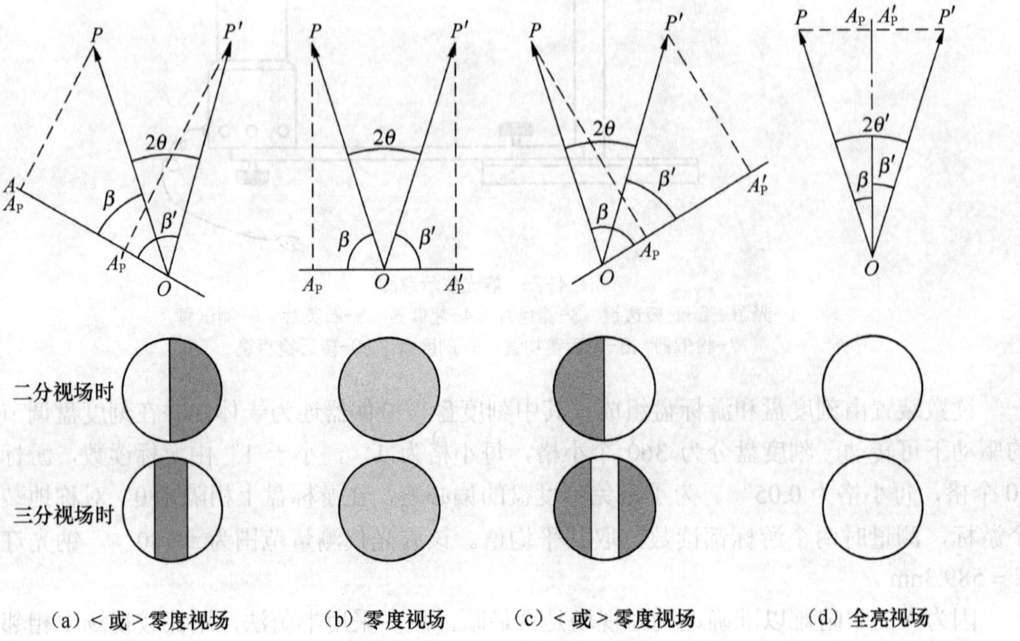

（a）＜或＞零度视场　（b）零度视场　（c）＜或＞零度视场　（d）全亮视场

图 4-27　转动检偏器时，目镜中视场的亮暗变化图

由于在亮度不太强的情况下，人眼辨别亮度微小差别的能力较大，所以常取图 4-27（b）所示的现场作为参考视场，并将此时检偏器的偏振轴所指的位置取作刻度盘的零点。

在旋光仪中放上测试管后，透过起偏器和石英片的两束偏振光均通过测试管，它们的振动面转过相同的角度ϕ，并保持两振动面间的夹角2θ不变。如果转动检偏器，使现场仍旧回到图 4-27（b）所示的状态，则检偏器转过的角度即为被测试溶液的旋光度。迎着射来的光线看去，若检偏器沿顺时针方向转动，表示旋光性溶液使偏振光的偏振面也为顺时针方向旋转，该溶液称为右旋溶液，如蔗糖的水溶液。反之，若检偏器沿反时针方向转动，该溶液称为左旋溶液，如果糖的水溶液。

实验六 迈克尔孙干涉仪的调整和应用

一、实验目的

- 掌握迈克尔孙干涉仪的结构及调节方法。
- 观察非定义域条纹的特点及变化规律。
- 测量激光的波长。

二、实验仪器

迈克尔孙干涉仪、氦氖激光光源、扩束透镜。

三、实验原理

1881 年，为了研究光速问题，迈克尔孙（A.A.Michelson，1852～1931 年）根据光干涉相关原理设计了迈克尔孙干涉仪。

迈克尔孙干涉仪可将两相干光束完全分开，它们之间的光程差也可以根据要求做各种改变，测量结果可以非常精确，所以应用很广。迈克尔孙干涉仪还被用来研究光谱线的精细结构，这些都大大推动了原子物理与计量科学的发展，迈克尔孙干涉仪的原理还被发展和改进为其他许多形式的干涉仪器。

1．干涉仪的光学结构

迈克尔孙干涉仪的光路和结构如图 4-28、图 4-29 所示。M_1、M_2 是一对精密磨光的平面反射镜，M_1 的位置是固定的，M_2 可沿导轨前后移动。G_1、G_2 是厚度和折射率都完全相同的一对平行玻璃板，与 M_1、M_2 均成 45° 角。G_1 的一个表面镀有半反射、半透射膜 A，使射到其上的光线分为光强度差不多相等的反射光和透射光，G_1 称为分光板。当光照到 G_1 上时，在半透膜上分成相互垂直的两束光，透射光 1 射到 M_1，经 M_1 反射后，透过 G_2，在 G_1 的半透膜上反射后射向 E。反射光 2 射到 M_2，经 M_2 反射后，透过 G_1 射向 E。由于光线 2 前后共通过 $G_1$3 次，而光线 1 只通过 $G_1$1 次，有了 G_2，它们在玻璃中的光程便相等了。于是计算这两束光的光程差时，只需计算两束光在空气中的光程差就可以了。因此，G_2 称为补偿板。当观察者从 E 处向 G_1 看去时，除直接看到 M_2 外还看到 M_1 的像 M_1'。于是光线 1、2 如同从 M_2 与 M_1' 反射来的，因此迈克尔孙干涉仪中所产生的干涉和 M_1'～M_2“形成”的空气薄膜的干涉等效。

采用涡轮蜗杆传动系统移动反射镜 M_2，转动粗调手轮（2）可以实现粗调。M_2 移动距离的毫米数可在机体侧面的毫米刻度尺（5）上读得。通过读数窗口，在刻度盘（3）上可精确到 0.01mm；转动微调手轮(1)可实现微调，微调手轮的分度值为 1×10^{-4}mm。可估读到 10^{-5}mm。M_1、M_2 背面各有 3 个螺钉可以用来粗调 M_1 和 M_2 的倾度，倾斜度的微调是通过调节水平微调螺丝（15）和竖直微调螺丝（16）来实现的。

2．单色点光源的非定域干涉

如图 4-30 所示，激光通过短焦距透镜 L 汇聚成一个强度很高的点光源 S，射向迈克尔孙干涉仪，点光源经平面镜 M_1、M_2 反射后，相当于由两个点光源 S_1' 和 S_2' 发出的相干光束。S' 是 S 的等效光源，是经半反射面 A 所成的虚像。S_1' 是 S' 经 M_1' 所成的虚像。S_2' 是 S' 经 M_2 所成的虚像。只要观察屏放在两点光源发出光波的重叠区域内，都能看到干涉现象，这种干涉称为非定域干涉。如果M_2与M_1'严格平行，且使观察屏垂直放置于S_1'和S_2'的连线上，就能看到一组明暗相间的同心圆干涉环，其圆心位于S_1'、S_2'轴线与屏的交点P_0处。从图4-31可以看出P_0处的光程差$\Delta = 2d$，屏上其他任意点P'或P''的光程差近似为

$$\Delta = 2d\cos\varphi \tag{4-25}$$

式中，φ为S_2'射到P''点的光线与M_2法线之间的夹角。

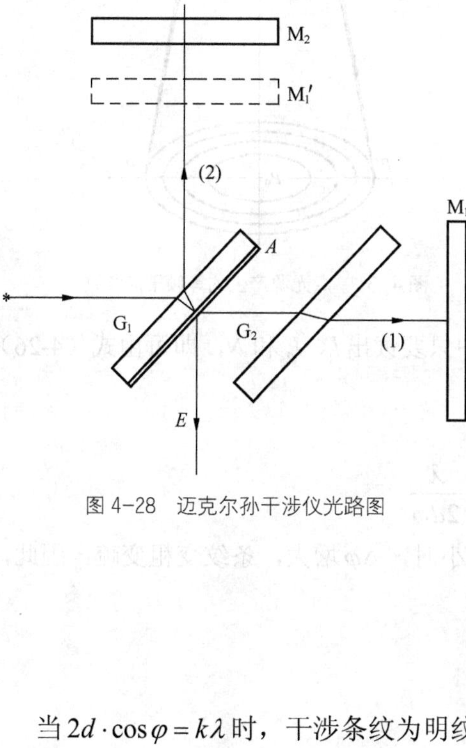

图4-28 迈克尔孙干涉仪光路图

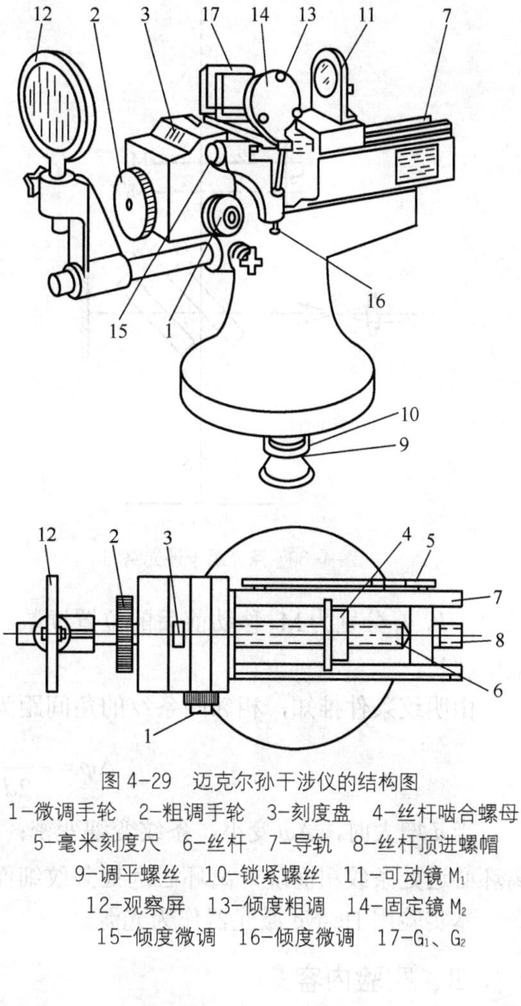

图4-29 迈克尔孙干涉仪的结构图

1-微调手轮 2-粗调手轮 3-刻度盘 4-丝杆啮合螺母 5-毫米刻度尺 6-丝杆 7-导轨 8-丝杆顶进螺帽 9-调平螺丝 10-锁紧螺丝 11-可动镜M_1 12-观察屏 13-倾度粗调 14-固定镜M_2 15-倾度微调 16-倾度微调 17-G_1、G_2

当$2d\cdot\cos\varphi = k\lambda$时，干涉条纹为明纹；

当$2d\cdot\cos\varphi = \dfrac{(2k+1)\lambda}{2}$时，干涉条纹为暗纹。

由式（4-25）可知$\varphi = 0$时光程差最大，即圆心P_0处干涉环级次最高，越向边缘级次越低。当d增加时，可看到圆环从中心一个个“冒”出；反之，当d减小时，圆环向中心一个个“缩”进去。d每改变$\lambda/2$距离，圆心就冒出或缩进一条条纹。若M_2移动距离为Δd，相应冒出或缩进的干涉环条纹数为N，则有$\Delta d = N\dfrac{\lambda}{2}$。可以得出

$$\lambda=\frac{2\Delta d}{N}=\frac{2(l_1-l_2)}{N} \tag{4-26}$$

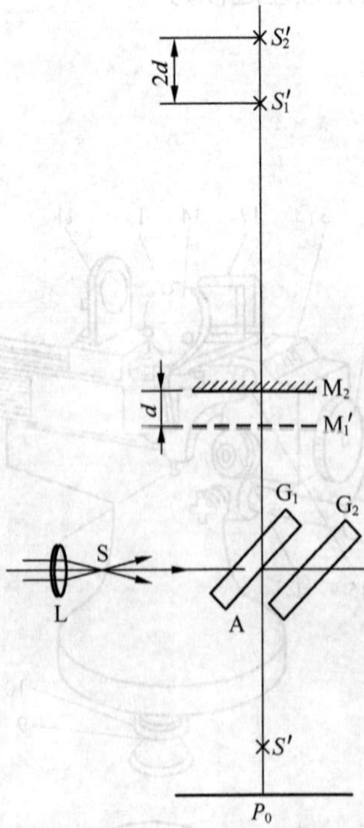

图 4-30　点光源干涉光路图

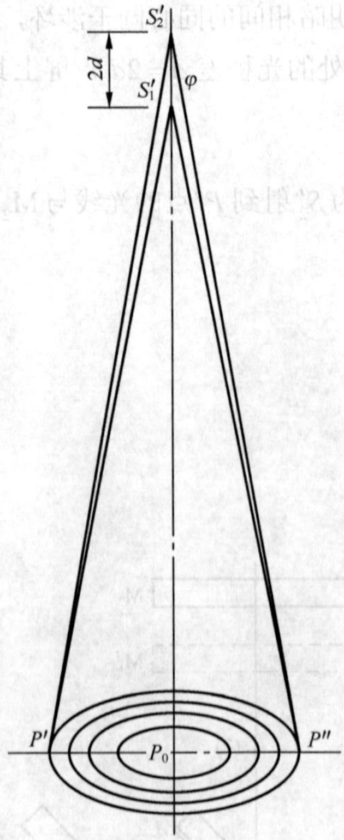

图 4-31　点光源产生的等倾干涉条纹

式中，l_1、l_2 分别为 M_2 移动前后的位置读数。实验中只要读出 l_1、l_2 和 N，即可由式（4-26）求出波长。

由明纹条件推知，相邻两条纹的角间距为

$$\Delta\varphi=-\frac{\lambda}{2d\sin\varphi}=\frac{\lambda}{2d\varphi}$$

当 d 增大时，$\Delta\varphi$ 变小，条纹变细变密；当 d 减小时，$\Delta\varphi$ 增大，条纹变粗变疏。因此，离环心近处条纹粗而疏，离环心远处条纹细而密。

本实验用 He-Ne 激光器作为光源。

四、实验内容

1. 观察激光的非定域干涉现象

调节干涉仪使导轨大致水平放置。调节粗调手轮，使活动镜大致移至导轨指定的位置；调节倾度微调螺丝，使其拉簧松紧适中。然后使得激光管发射的激光束从分光板中央穿过，并垂直射向反射镜 M_1，此时应能看到有一束光线沿原路退回。

装上观察屏，从观察屏上可以看到由 M_1、M_2 反射过来的两排光点。调节 M_1、M_2，使两排光点靠近，并使两个最亮的光点重合。仔细观察，重合的亮点上有很细的黑条纹。这时，

M_1、M_2 大致垂直，M_1' 与 M_2 大致平行。然后在激光管与分光板间加一短焦距透镜，即能从屏上看到一组弧形干涉条纹，再仔细调节倾度微调螺丝（15、16），当 M_1' 和 M_2 严格平行时，弧形条纹变成圆形条纹。

转动微调手轮，使 M_2 前后移动，可看到干涉条纹的冒出或缩进。仔细观察，M_2 位置改变时，干涉条纹的粗细、疏密与光程差的关系，填入表 4-12 中。

表 4-12

干涉条纹的变化	向外逐级冒出	向内吞入	条纹间隔变大	条纹间隔变小
鼓轮转动方向	顺（逆）时针	顺（逆）时针旋转	顺（逆）时针旋转	顺（逆）时针
光程差的变化				
理论解释				

2. 测量氦氖激光波长

选择逆时针或顺时针方向转动微调手轮（改变 d 的值），可以看到一个一个干涉环从环心冒出（或缩入）。当干涉环中心最亮时，缓慢转动微调手轮，每冒出（或缩入）50 个条纹时，记下活动镜位置读数，依次测出 6 个位置，利用式（4-26）用逐差法计算出波长。并与公认值（632.8nm）比较计算误差。表格自拟，注意在整个实验过程中，保持微调手轮转动方向一致，避免螺杆空程带来的误差。

实验七 单缝夫琅禾费衍射的光强分布

一、实验目的

- 研究单缝夫琅禾费衍射的光强分布。
- 观察双缝干涉和单缝衍射之间的异同，并测定其光强分布，加深对衍射理论的了解。
- 学习使用光电元件进行光强相对测量的方法。

二、实验仪器

单缝、双缝、光具座、He-Ne 激光器、交流稳压电源、硅光电池、光标检流计、白屏、测量显微镜支架。

三、实验原理

波在传播过程中遇到障碍物时，能够绕过障碍物的边缘前进，这种现象称为波的衍射现象。利用惠更斯原理可以定性地解释光的衍射现象，但在解释衍射条纹分布时遇到了困难。菲涅尔在惠更斯原理的基础上，提出了一个新的假定：波在传播的过程中，从同一波阵面上各点发出的子波，在空间某一点相遇时，产生相干叠加。这一假设发展了惠更斯原理，更好地解释了衍射的过程，称为惠更斯－菲涅尔原理。

夫琅禾费衍射时光源发出的光为平行光，即此时衍射装置中的光源 S 同衍射屏 D 或衍射屏与接收屏之间的距离为无限远时产生的衍射。

根据惠更斯－菲涅尔原理，可以将同一波阵面分割成许多等面积的小波阵面，每一个波阵面都可以看作是相干光源。在单缝夫琅禾费衍射中，可将狭缝处的波阵面分割成多个条状波阵面带，使每个波阵带上下两边缘发出的光在屏上 P 点处的光程差为 $\lambda/2$，此带称为**半波带**，如图 4-32 所示。

由于透镜并不能引起附加的光程差，因此当相邻两个半波带发射的光线在屏幕上相叠加时，所有光线对应的相位差均为 π，因此能够相互抵消。于是，要判断屏幕上 P 点处条纹是明是暗，只需分析 P 点对应半波带的情况即可。

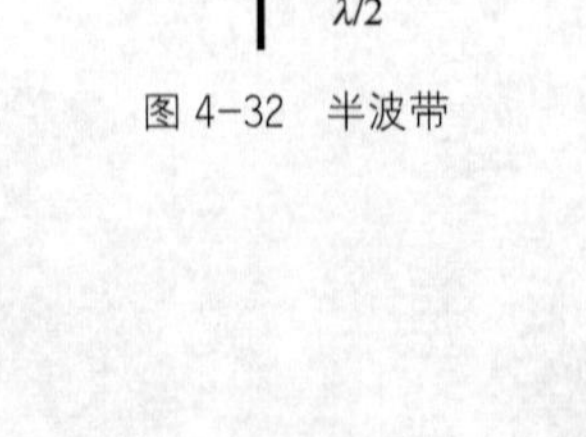

图 4-32 半波带

对应于某一衍射角 θ，最大光程差 Δ 为偶数个半波长时，单缝处的波阵面能够分为偶数个半波带，在屏幕上 P 点形成暗条纹；最大光程差 Δ 为奇数个半波长时，单缝处的波阵面能够分为奇数个半波带，在屏幕上 P 点形成明条纹，即当

$$a\sin\theta = \pm 2k \cdot \frac{\lambda}{2} \qquad (k = 1,2,3\cdots)$$

时为暗条纹；当

$$a\sin\theta = (2k+1) \cdot \frac{\lambda}{2} \qquad (\mathrm{k} = \pm 1, \pm 2, \pm 3, \cdots)$$

时为明条纹。

在这里，a 为单缝的宽度。从上面两个式子中可以看出明暗条纹在空间上交替分布。

通常把 $k=\pm1$ 时，两条暗纹中心对应的角度称为中央明纹的**角宽度**。对于暗纹，设 $k=1$ 时对应的衍射角为 θ ，称为**半角宽度**，可以写成

$$\theta=\arcsin\frac{\lambda}{a}$$

当 θ 很小时，有

$$\theta\approx\frac{\lambda}{a}$$

2θ 即中央明纹所对应的**角宽度**，为

$$\theta_0=2\theta\approx2\frac{\lambda}{a}$$

于是可得中央明纹的宽度为

$$\Delta x_0=2L\cdot\tan\theta\approx2L\cdot\theta=2L\cdot\frac{\lambda}{a}$$

即

$$a=\frac{2L\lambda}{\Delta x_0}$$

图 4-33 所示为单缝衍射原理图，图中 P_0 对应中央主极大的位置， P_θ 对应 1 级暗纹的位置， θ 为一级暗纹对应的衍射角， L 为透镜焦距。

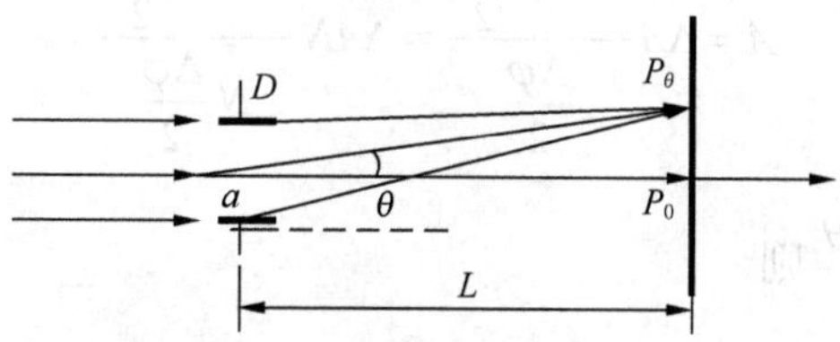

图 4-33　单缝衍射实验原理图

通常使用振幅矢量法来计算单缝衍射的光强。如图 4-34 所示。

将单缝衍射实验中缝 AB 处的波阵面分割成 N 个等大的波阵面元，每个小面元相当于子波的波源。由于面元的宽度较小，可以认为子波沿衍射角 θ 到达屏幕上某点处的振幅相等，设为 ΔA 。可以得相邻两个面元发出的子波到达屏幕上时光程差 Δ' 为

$$\Delta'=\frac{a\sin\theta}{N}$$

对应的相位差为

$$\Delta\varphi=\frac{2\pi}{N\lambda}a\sin\theta$$

根据惠更斯－菲涅尔原理，各个子波叠加的振动合振幅等于每个子波振幅矢量的合成。也就是 N 个频率相同、振幅相同、相位差依次增加 $\Delta\varphi$ 的振动矢量的合成。即

$$\overline{A}=\overline{A}_1+\overline{A}_2+\overline{A}_3+\cdots=\sum_{i=1}^{N}\overline{A}_i$$

也可以按照多边形法则作图求得，如图 4-35 所示。

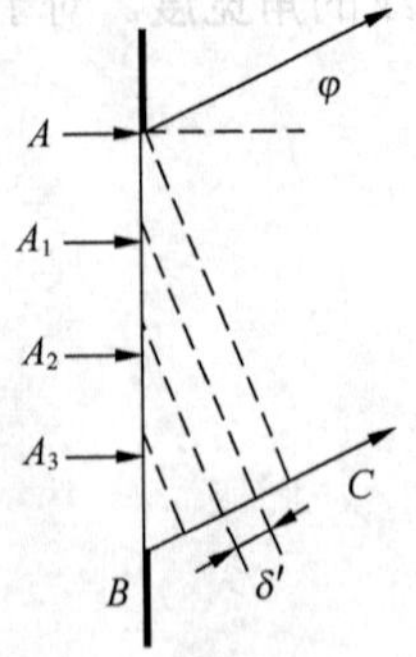

图 4-34　单缝衍射条纹光强计算

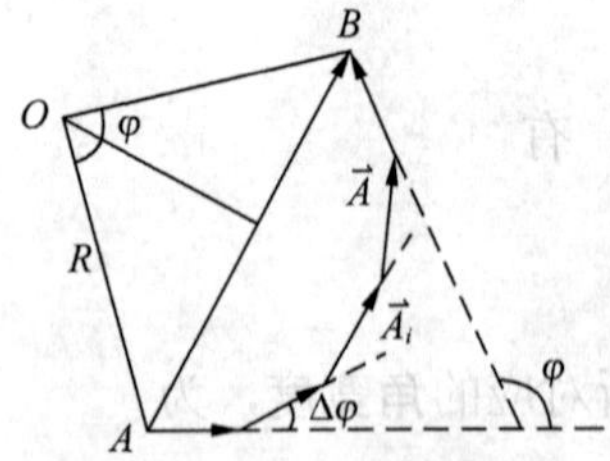

图 4-35　振动矢量合成

合成振幅 A 为

$$A=\Delta A\frac{\sin N\dfrac{\Delta\varphi}{2}}{\sin\dfrac{\Delta\varphi}{2}}$$

通常 $\Delta\varphi$ 值较小，所以有 $\sin\dfrac{\Delta\varphi}{2}=\dfrac{\Delta\varphi}{2}$，故

$$A=\Delta A\frac{\sin N\dfrac{\Delta\varphi}{2}}{\dfrac{\Delta\varphi}{2}}=\Delta AN\frac{\sin N\dfrac{\Delta\varphi}{2}}{N\dfrac{\Delta\varphi}{2}}$$

引入 $u=N\dfrac{\Delta\varphi}{2}=\dfrac{\pi a\sin\theta}{\lambda}$ 则

$$A=\Delta AN\frac{\sin u}{u}$$

当 $\theta=0$ 时，$u=0$，$\dfrac{\sin u}{u}=1$，有 $A=A_0=N\Delta A$，即中央条纹中心处振幅为 A_0，因此任意一点的振幅为

$$A=A_0\frac{\sin u}{u}$$

光强也可以写成

$$I=I_0(\frac{\sin u}{u})^2$$

上式表明了随着衍射角的变化，屏幕上各点光强相对于中央明条纹光强的变化关系。

当 $\theta=0$ 时，单缝衍射条纹的强度最大为 I_0，此处为中央明条纹的中心，也称为主极大。当

$$u=\pm k\pi \qquad (k=1,2,3,\cdots)$$

即

$$a\sin\theta = \pm 2k \cdot \frac{\lambda}{2} \qquad (k=1,2,3,\cdots)$$

时，$I=0$，即为暗条纹的中心位置。

在相邻两个条纹的中心位置为次级的明条纹。由

$$\frac{\mathrm{d}}{\mathrm{d}u}\left(\frac{\sin u}{u}\right)=0$$

可以求得 $\tan u = u$，解此方程可以求得

$$a\sin\theta = \pm 1.43\lambda, \pm 2.46\lambda, \cdots$$

上式就是各次级明条纹的位置。对应的各次级明条纹的强度满足

$$I_0 = 0.471I_0, 0.0165I_0, \cdots$$

即：各次级明条纹光强随着级次的增大而迅速减小。

四、实验内容

1. 测量单缝夫琅禾费衍射的光强分布

（1）按图 4-36 所示安排实验仪器，开启激光器，待其稳定后，调节其方向，使激光束垂直照射在单缝上。调节仪器位置，使屏上衍射图样清晰、对称，且条纹间距数倍于光探头的通光缝宽。

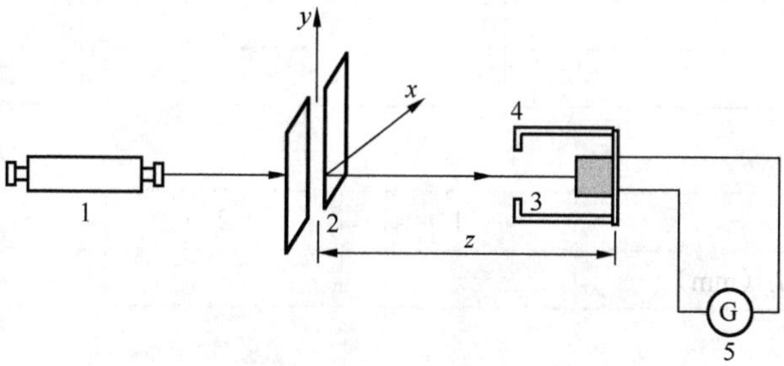

图 4-36　夫琅禾费衍射实验装置

1-激光器　2-单缝或双缝　3-光电池　4-光电池罩　5-检流计

（2）去掉白屏、换上光探头，使之可沿 x 方向移动，调节狭缝的方位和光探头的高低，使光探头在移动过程中，缝始终处于衍射光带的中央。

（3）将光功率计调零。选择光功率计的档次，使最大电流值接近满刻度。

（4）将光探头移至衍射图案的三级极小以外，然后使其沿同一方向平稳地通过衍射图样的中间部位。每隔 0.5mm 记录一次光电流的数值。在每个主极大、次极大或极小位置附近可多取一些点，测量范围应至少包括±3 级极小位置，实验数据填入表格 4-13，并标注光强极小值的位置，计算±1 级暗纹间距。±1 级暗纹间距：$\Delta x_0 =$（+1 级暗纹坐标）−（−1 级暗纹坐标）。

（5）根据表格 4-13 的测量数据，在坐标纸上作相对光强与位置 x 的关系曲线，也即衍射光强分布图，并与理论结果进行比较。

（6）从光具座上读出或用米尺测出缝到光探头的距离 L，测量数据填入表格 4-14，求平均值 $\overline{L}$，并计算狭缝宽度 $a=\dfrac{2L\lambda}{\Delta x_0}$。$\Delta x_0$ 为±1 级暗纹之间的距离，即中央明纹的宽度。

2．双缝衍射的观测

（1）换置双缝，用白屏接收，观察屏上出现的双缝衍射光强分布。

（2）保持双缝的间隔不变，使狭缝变细，观察衍射图样的改变，记录并解释之。

（3）保持缝的宽度不变，改变双缝间隔，观察衍射图样如何改变，记录并解释之。

五、数据表格及数据处理

表 4-13 不同位置处的单缝衍射光强 （自行续表）

位置/mm									
相对光强									
位置/mm									
相对光强									
位置/mm									
相对光强									
位置/mm									
相对光强									
位置/mm									
相对光强									

表 4-14

次数	1	2	3	$\bar{L}$ /mm
缝到光探头的距离 L（mm）				

六、注意事项

实验中要让激光垂直射入狭缝。

七、思考题

（1）当缝宽增加 1 倍时，单缝衍射图样的光强和条纹宽度将会怎样改变？如果缝宽减半，又怎样改变？

（2）设想如果双缝的间隔 d 不变，两条缝的宽度不等，衍射图样将如何变化？

附录

附表 1　　基本物理常数及单位

名　称	符　号	数　值	单　位	
			SI	（厘米克秒）单位系
万有引力常数	G	6.672 0	$\times10^{-11}Nm^2\cdot kg^{-2}$	$\times10^{-8}dyn\cdot cm^2\cdot g^{-2}$
真空中光速	c	2.997 924 58	$10^8m\cdot s^{-1}$	$10^{10}cm\cdot s^{-1}$
统一原子质量单位	U	1.660 565 5	$10^{-27}kg$	$10^{-24}g$
电子的质量	m_e	9.109 534	$10^{-31}kg$	$10^{-28}g$
质子的质量	m_p	1.672 648 5	10^7kg	$10^{-24}g$
中子的质量	m_n	1.674 954 3	$10^{-27}kg$	$10^{-24}g$
基本电荷	e e^*	1.602 189 2 4.803 242	$10^{-19}C$	（$10^{-20}emu$） $10^{-10}esu$
电子的比电荷	e/m_e e^*/m_e	1.758 804 7 5.272 764	$10^{11}C\cdot kg^{-1}$	（$10^7emu\cdot g^{-1}$） $10^{-17}esu\cdot g^{-1}$
电子半径	$r_e=e^2/4\pi\varepsilon_0m_ec^2=e^{*2}/m_ec^2$	2.817 938 0	$10^{-15}m$	10^{-13}
普朗克常数	h $h/2\pi$	6.626 176 1.054 588 7	$10^{-34}J\cdot s$ $10^{-34}J\cdot s$	$10^{-27}erg\cdot s10^{-27}erg\cdot s$
斯蒂芬—波尔兹曼常数精细结构常数	$\sigma=\pi^2k^4/60h^3c^2$ $a=e^2/4\pi\varepsilon_0hc=e^{*2}/hc$	5.670 32 7.297 350 6	$10^{-8}W\cdot m^{-2}\cdot k^{-4}$	$10^{-5}erg\cdot cm^{-2}\cdot s^{-1}\cdot k^{-4}$
玻尔半径	$r_o=4\pi\varepsilon_0h^2/e^2=h^2/m_ee^{*2}$	0.529 177 208 59	$10^{-11}m$	$10^{-9}cm$
李德伯格常数	$R_\infty=e^2/16\pi^2\varepsilon_0a_0hc=$ $e^{*2}/4\pi\varepsilon_0a_0hc$	1.097 373 177	10^7m^{-1}	10^5cm^{-1}
磁量子	$h/e=hc/e^*$	4.135 701	$10^{-15}J\cdot S\cdot C^{-1}$	$10^{-7}erg\cdot s\cdot emu^{-1}$
玻尔磁子	$\mu_B=eh/2m_e=e^*h/2m_ec$	9.274 078	$10^{-24}J\cdot T^{-1}$	$10^{-21}erg\cdot G^{-1}$
电子磁矩	μ_e	9.284 832	$10^{-24}J\cdot T^{-1}$	$10^{-21}erg\cdot G^{-1}$
自由电子的g—因子	$2\mu_e/\mu_B$	2.002 319 31	—	—
核磁子	$\mu_N=eh/2m_P=e^*h/2m_Pc$	5.050 824	$10^{-27}J\cdot T^{-1}$	$10^{-24}\cdot erg\cdot G^{-1}$
质子的磁惯量	μ_P	1.410 617 1	$10^{-26}J\cdot T^{-1}$	$10^{-23}erg$

续表

名　称	符　号	数　值	单　位	
			SI	（厘米克秒）单位系
质子的磁角动量比	γ_P	2.675 198 7	$10^8S^{-1}\cdot T^{-1}$	$10^4S^{-1}\cdot G^{-1}$
电子的康普顿波长	$\lambda_C=h/m_ec$	2.426 308 9	10^{-12}m	10^{-10}cm
质子的康普顿波长	$\lambda_{CP}=h/m_Pc$	1.321 409 9	10^{-15}m	10^{-13}cm
中子的康普顿波长	$\lambda ca=h/m_ac$	1.319 590 9	10^{-15}m	10^{-13}cm
玻耳兹曼常数	k	1.380 662	$10^{-23}\cdot K^{-1}$	$10^{-16}erg\cdot K^{-1}$
阿伏伽德罗常数	N_A	6.022 045	$10^{23}mol^{-1}$	$10^{23}mol^{-1}$
完全气体的体积（0℃，1 个气压）	V_0	2.241 383	$10^{-2}m^3\cdot mol^{-1}$	10^4cm^3
1 摩尔的气体常数	$R=N_Ak$	8.314 41	$J\cdot mol^{-1}\cdot K^{-1}$	$10^7erg\cdot mol^{-1}\cdot K^{-1}$
法拉第常数	$F=N_A\cdot e$	9.648 456 2.892 534 2	$10^4C\cdot mol^-$	[$10^3emu\cdot mol^{-1}$] $^{14}esu\cdot mol^{-1}$

附表 2　　一些物质的熔点和沸点

在 101kPa 下,一些物质的熔点和沸点

物质	熔点 T/℃	沸点 T/℃	物质	熔点 T/℃	沸点 T/℃
铝	660.37	2 467	镍	1 453	2 732
钡	725	1 640	铌	2 468±10	4 742
铍	1 278±5	2 970	锇	3 045±30	5 027±100
铋	271.3	1 560±5	铂	1 772	3 827±100
硼	2 079	2 550	钾	63.25	760
镉	320.9	765	硒	217	684.9
钙	839±2	1 484	硅	1 410	2355
铯	28.4	6 69.3	钪	1 541	2836
铬	1 857±20	2 672	钠	97.81	882.9
钴	1 495	2 870	硫	112.8	444.674
铜	1 083.4	2 567	钽	2 996	5 425±100
镓	29.78	2 403	锡	231.968 1	2 270
锗	937.4	2 830	钛	1 660±10	3 287
银	961.93	2 212	钨	4 310±20	5 660
金	1 064.43	2 808	铀	1 132.3	3 818
铁	1 535	2 750	锌	419.58	907
铅	327.502	1 740	锑	630.74	1 950
锂	180.54	1 342	汞	−38.842	356.68
镁	648.8	1 090	溴	−7.2	58.78
锰	1 244±3	1 962	氧	−218.4	−182.96
钕	1 021	3 074	氮	−209.86	−195.8

附表 3　　一些液体的比热容

液体的比热容（300K）			
物　质	比　热　容 c/KJ.kg^{-1}k^{-1}	物　质	比　热　容 c/KJ.kg^{-1}k^{-1}
丙酮	2.2	甲醇	2.5
苯	2.05	橄榄油	1.65
二硫化碳	1	硫酸	1.38
四氯化碳	0.85	甲苯	1.7
蓖麻油	1.8	变压器油	1.92
乙醇	2.43	水	4.19
甘油	2.4	乙醚	2.35
润滑油	1.87	溴	0.53
汞	0.14		

附表 4　　常用物体折射率表

材　质	材质物理折射率值	材　质	材质物理折射率值
空气	1.0003	轻火石玻璃	1.575
液体二氧化碳	1.200	天青石	1.610
冰	1.309	黄晶	1.610
水（20℃）	1.333	二硫化碳	1.630
丙酮	1.360	石英 1	1.644
普通酒精	1.360	重火石玻璃	1.650
30%的糖溶液	1.380	二碘甲烷	1.740
酒精	1.329	红宝石	1.770
面粉	1.434	蓝宝石	1.770
熔化的石英	1.460	特重火石玻璃	1.890
Calspar2	1.486	水晶	2.000
80%的糖溶液	1.490	钻石	2.417
玻璃	1.500	氧化铬	2.705
氯化钠	1.530	氧化铜	2.705
聚苯乙烯	1.550	非晶硒	2.920
石英 2	1.553	碘晶体	3.340
翡翠	1.65～1.67		

参 考 文 献

[1] 石星军主编. 大学物理实验. 北京：国防工业出版社，2006

[2] 钱锋、潘人培主编. 大学物理实验（修订版）. 北京：高等教育出版社，2005

[3] 华中工学院编. 物理实验. 北京：高等教育出版社，1981